Landeskunde

der

Britischen Inseln

Von

Dr. Richard Neuse
Oberlehrer in Charlottenburg

Mit 8 Tafeln und 13 Abbildungen im Texte

Leipzig
G. J. Göschen'sche Verlagshandlung

Vorwort.

Der vorliegende Abriß einer Landeskunde der Britischen Inseln ist bestimmt zunächst für Geographen, sodann aber auch für Anglisten und für alle Gebildeten, welche sich von dem Stammlande des Britischen Weltreiches ein anschaulicheres Bild machen wollen als es die erdkundlichen Kompendien im allgemeinen gewähren.

Dem Zwecke der Anschaulichkeit zuliebe ist öfter der Ton der Schilderung angeschlagen. Einige charakteristische Landschaftstypen sind durch Vollbilder vertreten.

Anderseits habe ich danach gestrebt, die einzelnen geographischen Tatsachen innerlich miteinander und insbesondere mit der geologischen Grundlage zu verknüpfen; die Elemente der Geologie wie auch z. B. der Meteorologie werden allerdings als bekannt vorausgesetzt.

Die Literaturangaben gehen im allgemeinen nicht über das Jahr 1890 zurück, weil man sie bis zu diesem Zeitpunkte bei F. G. Hahn: Die Britischen Inseln (in Kirchhoffs Länderkunde von Europa Bd. I) ziemlich vollständig findet (manches außerdem in den betreffenden Abschnitten von Reclus: Géographie Universelle).

Dem Sachkenner brauche ich kaum zu versichern, wie schwer die Beschaffung des Bücher-, Karten- und Bildermaterials war, da selbst unsere größten Bibliotheken über England erstaunlich wenig enthalten*).

Glücklicherweise stand mir anderthalb Jahre lang die Hamburger Kommerzbibliothek zur Verfügung; im übrigen aber waren große persönliche Opfer unvermeidlich. Daß ich mir von den wesentlichsten Teilen der Britischen Inseln eigene Anschauung verschaffte, sei nebenbei erwähnt.

Das Erscheinen des Bandes hat sich etwas verzögert, weil mir kurz vor Abschluß der Arbeit noch zwei ganz neue englische Werke

*) Z. B. fehlen der Gesellsch. f. Erdk. in Berlin ganz die engl. Landesaufnahmen.

zugänglich wurden, wie man sie bis dahin schmerzlich vermißt hatte und welche durchaus noch berücksichtigt werden mußten, nämlich H. J. Mackinder: Britain and the British Seas (London, Heinemann 1902) und Lord Avebury (Sir John Lubbock): The Scenery of England (London, Macmillan 1902).

Auf das erste muß ich diejenigen Leser verweisen, welchen die erdkundlichen Probleme und ihre Verknüpfung die Hauptsache sind, nicht die Anschauung der Landesnatur. — Das Buch von Lord Avebury, gleich dem erstgenannten vorzüglich ausgestattet, ist das Seitenstück zu A. Geikies bekannter „Scenery of Scotland"; es enthält übrigens zu drei Vierteln Erörterungen aus der allgemeinen Erdkunde; das letzte Viertel bilden dann immer die entsprechenden Beispiele aus dem Gebiete von England und Wales.

An dieser Stelle erwähne ich schließlich noch einige nicht direkt geographische Darstellungen, teils neuere, teils ältere (bei Hahn jedoch nicht verzeichnete), welche sehr geeignet sind in die Kenntnis von Land und Leuten einzuführen. Solche sind: Jul. Rodenberg, Die Insel der Heiligen, 2 Teile, Berlin 1864. — Desselben: Ferien in England, Berlin 1876. — F. von Holtzendorff, Schottische Reiseskizzen, Breslau und Leipzig 1882. — W. F. Brand, Londoner Streifzüge, Halle 1886. — E. F. Krause, England, Dresden und Leipzig 1892. — G. F. Steffen, Streifzüge durch Großbritannien, Stuttgart 1896. — G. Werner, Aus dem Lande der Gegensätze, Dessau 1897. — A. Tille, Aus Englands Flegeljahren, Dresden und Leipzig 1901 (stark einseitig gefärbt).

Da ich hoffe, den vorliegenden kurzen Grundriß im Laufe der Jahre zu einer ausführlichen Landeskunde auszubauen, so werden mir alle Verbesserungsvorschläge, besonders aber Literaturangaben sehr willkommen sein. Der Verlagshandlung sage ich für die völlige Freiheit, die sie mir bei der Bearbeitung gelassen hat und für die gediegene Ausstattung des Buches aufrichtigen Dank.

Charlottenburg, im Mai 1903.

Richard Neuse.

Inhalt.

Verzeichnis der Vollbilder.*)

*) Aufser No. 2 und 4 sind die Bilder nach Originalen der Photochrom Co. angefertigt.

I.

Die Britischen Inseln im allgemeinen.

Natürliche (geographische) Vorzüge

haben es im wesentlichen ermöglicht, daß das kleine Inselland zu seiner jetzigen weltbeherrschenden Stellung emporstieg. Solche Vorzüge sind u. a.:

1. Die Lage vor der Front des bevölkerten, blühenden Westeuropas, wobei noch zu beachten, daß England dem Kontinente die flache, offene, für den Verkehr günstige Seite zukehrt, während es doch wiederum durch seine Insellage, militärisch betrachtet, geschützt ist*).

2. Die lange Küstenlinie; die vielen großen und kleinen Buchten lassen eine zahlreiche handeltreibende sowie eine kräftige seemännische und Fischerbevölkerung erwachsen.

3. Seit der Entdeckung Amerikas gewannen die weiter westlich gelegenen englischen Häfen einen großen Vorsprung vor den deutschen und anderen nordeuropäischen Handelsplätzen.

4. Man hat darauf hingewiesen, daß England auf der „Landhalbkugel" überhaupt eine zentrale Stellung einnimmt.

5. Nicht zu vergessen ist aber auch, daß die heutige englische Rasse eine sehr glückliche Mischung aus keltischen, romanischen und germanischen Bestandteilen darstellt; Angelsachsen, Dänen, Franconormannen waren kühne Eindringlinge, deren Wagemut sich in dem Unternehmungsgeist der heutigen Engländer deutlich verrät.

6. Die geschichtliche Entwickelung führte England schon am Ausgange des Mittelalters zur staatlichen Einheit, der Hochadel wurde nicht zum Kleinfürstenstand, das Bürgertum erhob sich kräftig, Königtum und Adel wurden Diener des Nationalstaates, und auch der konfessionelle Zwiespalt ist weit geringer als in Deutschland.

Von der Regierung Elisabeths (1558—1603) datiert Englands großartiger und stetiger Aufschwung.

*) Dies hat sich freilich erst seit dem Erstarken der englischen Flotte und seit der Einführung weittragender Küstengeschütze geltend gemacht.

Benennungen der Inselgruppe.

In dieser Beziehung herrscht auf dem Kontinente ziemliche Verwirrung. Der amtliche Titel ist „The United Kingdom of Great Britain and Ireland“, worin Great Britain die Königreiche England und Schottland nebst dem Fürstentum (Principality of) Wales umfaßt. Die Insel Man und die Kanalinseln sind eine Art Anhängsel (aber keine Kolonien); sie heißen offiziell „Islands in the British Seas“.

Die Engländer selbst brauchen oft zur Bezeichnung des Ganzen „Britain“ (=Britannien; die Bretagne dagegen heißt „Brittany“), aber — besonders in politischen Erörterungen und poetischer Sprache — auch einfach „England“, da England doch der führende Teil ist. So heißt es z. B. im „Rule Britannia“: When Britain first at heaven's command..., aber in „Our Home is the Ocean“: That England shall ever be lord of the seas. — Geographisch ist die beste Bezeichnung: Britische Inseln (The British Isles)*), wodurch man Man und die anderen umliegenden Inseln einschließt, nicht aber die Kanalinseln, welche geographisch zu Frankreich gehören. — Der Bewohner der Britischen Inseln heißt streng korrekt „Briton“ (Brite), doch ist „Englishman“ im gewöhnlichen Leben sehr gebräuchlich, wenn sich auch die Iren und vielleicht manche Schotten nicht so nennen. „Britisher“ ist ein häßlicher Amerikanismus.

Lage und horizontale Gliederung.

Die Britischen Inseln erheben sich auf einem Flachseesockel welcher sie im Osten und Süden mit dem europäischen Festlande verbindet, im Norden über die Far-Öer sich bis Island verfolgen läßt, im Westen ca. 80 km breit ist, dann aber steil gegen die großen Tiefen des Atlantischen Ozeans abstürzt, sodaß dort wohl der eigentliche alte Westrand Europas gelegen hat. Über die Trennung Britanniens vom Festlande und Irlands von der Hauptinsel wird bei der geologischen Skizze S. 5 gehandelt werden; zu den „Britischen Inseln“, wie sie in der geologischen Gegenwart nun einmal sind, gehören etwa 5000 größere und kleinere Eilande, wobei wir die Shetlands einrechnen, die Kanalinseln aber ausschließen. Auch die Shetlands freilich sind nur ein lockeres Anhängsel, und als wirkliche geogra-

*) In dieser Verbindung meist Isles, nicht Islands.

phische Einheit bleibt dann eine im großen und ganzen dreieckige Inselgruppe, welche zwischen dem 50. und 60. Grad (genau 49° 56′ und 59° 45′) nördlicher Breite liegt. Der südlichste Punkt ist Kap Lizard in Cornwall, der nördlichste der Hauptinsel Dunnet Head (58° 40′), das Nordende des Archipels liegt auf der kleinen Orkneyinsel Ronaldsay.

Zu beachten ist, daß die Basis, wenn wir darunter die Südküste Englands verstehen, nicht etwa dem 50. Parallel gleichmäßig aufliegt, sondern nach NO ausweicht; ebenfalls weicht die englisch-schottische Ostküste nach NW zurück, sodaß z. B. Edinburgh westlicher liegt als Bristol.

Die Längsachse Großbritanniens, welche nach NNW verläuft, und die nordöstlich gerichtete Längsachse von Irland sind einander zugeneigt; und so ist auch der nördliche Eingang in die „Irische See“ (North Channel) weit enger, als der südliche (St. George's Channel).

Was die Anordnung der kleineren Inseln (die nichts sind als Absprenglinge) im Verhältnis zu den beiden Hauptinseln angeht, so ist die Ostseite Englands ganz arm an Inseln (wie auch an Halbinseln); sie ist eben orographisch einförmig und Wind, Regen und Brandung am wenigsten ausgesetzt. Am meisten häufen sich Inseln und Halbinseln (die ja nur verschiedene Phasen einer Entwickelung darstellen) an der gebirgigen, ozeanischen Westküste, die zugleich die Wetter- oder Schlagseite ist. Doch weist Penck mit Recht darauf hin, und wir werden das im einzelnen noch zu betonen haben, daß die Buchten in der Hauptsache ertrunkene Täler, die Inseln und Halbinseln wasserumspülte einstige Berge sind, kurz, daß die Küstenlinie im wesentlichen nicht ein Werk der Brandung, sondern eine Isohypse des Landes ist; nämlich die, bis zu der die letzte für heute maßgebende Senkung, Eintauchung dieser Erdscholle erfolgte.

Großbritannien ist weit reicher und schöner gegliedert, als das plumpe Viereck Irlands, es liegt in dem Umriß entschieden etwas Schlankes, ja Elegantes. Wiederholt kommen sich Buchten von Westen und von Osten entgegen und schnüren den Inselkörper ein, so Bristolkanal und Themsebucht, weniger ausgeprägt Liverpool Bay und Wash, stärker wieder Clyde- und Forthbucht sowie Lorn und Moray. Die Einzelheiten siehe in den Kapiteln „Küstenwanderung“.

Die Oberflächenformen

zeigen durchweg einen gemäßigten Charakter. Hochgebirge fehlen ganz; kein Berg erreicht die Höhe von 2000 m über dem Meeresspiegel, kein Berg trägt ewigen Schnee.

Aber selbst ausgeprägte, lang hinlaufende Bergkämme oder -ketten sind kaum vorhanden, sondern, wie besonders Penck in seinem grundlegenden Aufsatze über diesen Gegenstand*) hervorgehoben hat: die Gebirge sind infolge der lebhaften Erosion ganz aufgelöst in Berggruppen, die einzelnen Gruppen getrennt durch breite und tiefe Täler. Was Penck für Großbritannien ausgeführt hat, gilt, wie wir unten sehen werden, in noch stärkerem Maße für Irland; dazu sind in Irland große, ganz flache Ebenen vorhanden, während in Großbritannien der Boden fast überall wenigstens hügelig und wellig ist.

Das Nähere findet man in den Kapiteln über die Orographie der einzelnen Länder.

Der geologische Aufbau**).

England ist für die Geologie ein klassisches Land. Außer den wichtigsten Eruptivgesteinen sind fast alle Sedimentärformationen vertreten und frühzeitig erforscht worden.

Auch was für den Geographen das Wichtigste ist, nämlich die Verteilung von Wasser und Land in früheren geologischen Perioden, ist für dieses Gebiet — wenigstens einigermaßen — festgestellt. Und zwar kann man sagen, daß das britische Gebiet im allgemeinen die Schicksale des nordwestlichen Europas geteilt hat, daß aber eigentliche Tiefseebildungen fast ganz fehlen, sodaß die Ansicht, wonach sich die Grenzen der Kontinente in den unserer Erkenntnis zugänglichen Zeiten nicht wesentlich verschoben hätten, hierdurch eine Stütze erhielte.

---

*) Deutsche Geogr. Blätter Bd. 6. 1883.

**) Vgl. besonders: Jukes-Browne, The Building of the British Isles. 2. Aufl. 1892. Ein Spezialgebiet behandelt in klassischer Weise das große Werk von A. Geikie: The Ancient Volcanoes of Great Britain. London 1897 (vgl. die Anzeige von Philippson in Petermanns Mitteilungen 1898. S. 158. Von Ramsays grundlegendem Werke: Physical Geology and Geography of Great Britain, erschien 1894 die 6. Auflage, bearbeitet von Woodward.

In der paläozoischen Zeit war hier größtenteils Meer, mit Ausnahme eines Teils der Devonperiode (denn der Old Red Sandstone ist eine Süßwasserbildung).

In der permischen und der Triaszeit aber lag dies Gebiet trocken bis auf große salzige Seen und Golfe, und tatsächlich sind Irland, Wales und der gebirgige Nordwesten von Großbritannien seitdem wohl nicht mehr versenkt worden; dagegen flutete über dem südöstlichen England in der Jura- und besonders in der Kreidezeit noch ziemlich tiefes Meer, während später in der Tertiärperiode Britannien schon in dem heutigen, ja in größerem Umfange, und zwar als eine ungetrennte Landmasse vorhanden war, in welche das Tertiärmeer nur einige Buchten (im Süden und Südosten) erstreckte, die aber am Schluß der Tertiärzeit auch trocken liefen. Seitdem hat also wieder Landverlust, sei es nun durch Senkung, sei es durch die Angriffe der Brandung oder beide Faktoren stattgefunden, worüber bei der geologischen Schilderung der Einzelländer noch gehandelt werden wird.

Einer Antwort bedarf hier aber noch die Frage: Wann und wie hat sich Britannien endgültig vom europäischen Festlande gelöst? und die Unterfrage: Wann trennte sich Irland von Großbritannien? Das Material für die Beantwortung ist teils geologischer, teils zoogeographischer Natur. Die im wesentlichen mit Westeuropa übereinstimmende Tierwelt zeigt, daß die Trennung vom Kontinent postglazial ist, also verhältnismäßig sehr jung. Nun hat aber (nach Wallace, Island Life):

Deutschland	90	Arten	von	Säugetieren	
Großbritannien . . .	40	„	„	„	
Irland	22	„	„	„	
Belgien	22	„	„	Reptilien	und Amphibien
Großbritannien . . .	13	„	„	„	„ „
Irland nur	4	„	„	„	„ „

Daraus geht hervor, daß Irland sich schon vor der Bildung der Straße von Dover von Großbritannien trennte, sonst hätten sich alle in Betracht kommenden Tierarten auch nach Irland verbreitet. Die Trennung der beiden Inseln wird man sich bei der Breite und Tiefe der „Irischen See“ durch Absinken von Landschollen im Laufe der Jahrtausende erklären müssen im steten Zusammenwirken mit der gierigen Brandungswelle. Um aber die Entstehung der sehr flachen

Straße von Dover zu erklären, wird es kaum nötig sein, mit einigen englischen Geologen erhebliche Senkung anzunehmen. Denn wenn man bedenkt, wie der Südwestwind, wie ein mächtiger (ja ein doppelter) Flutstrom die Gewässer in das spitz zulaufende Ärmelmeer hineintreibt, und wie noch heute die Brandung an den mürben Kreidefelsen sowohl der englischen wie der französischen Küste nagt, so kann man sich wohl denken, daß durch die Wirkung der Wogen ein früherer, nicht allzubreiter Isthmus endlich durchbrochen wurde (vgl. auch Krümmel in Peterm. Mitt. Bd. 35. S. 132ff.).

Im übrigen finden wir heute an den britischen Küsten sowohl Zerstörung (überwiegend), wie auch Neubildung (vereinzelt). Es ist aber klar, daß auch schon vereinzelter Landgewinn der Annahme einer gegenwärtigen allgemeinen Senkung der Inselgruppe widerspricht. Im Gegenteil zeigen die zahlreich vorhandenen alten Strandlinien (Raised Beaches), daß die letzte Bewegung eine — kleine — Hebung war, und seitdem scheint ein Zustand der Ruhe zu herrschen.

Die Eiszeit.

Daß das britische Gebiet eine posttertiäre Eisbedeckung, eine Vergletscherung ungefähr in derselben Weise und zu derselben Zeit erlebt hat, wie das übrige Nordeuropa, darüber ist man sich jetzt so ziemlich einig, und es ist selbst bei dem konservativen Sinne der Engländer auffallend, daß ein Geologe wie Jukes-Browne noch 1892 die alte Lyellsche Drifttheorie gegen die Inlandeistheorie verteidigen konnte*). Immerhin dürfte er damit nicht mehr sehr viele Anhänger finden. Nach dem Ergebnisse der in England recht eifrig betriebenen Einzelforschungen**) und nach Vergleichung mit außerbritischen Verhältnissen ist man nun zu folgenden Hauptsätzen gekommen:

Die Vergletscherung war eine mehrmalige, mit dazwischen liegenden wärmeren Interglazialzeiten. Zur Zeit der größten Ausdehnung der Gletscher gab es ein Zentrum der Vereisung in den schottischen Hochlanden, eins auf den Southern Uplands, eins in Cumberland, eins in Wales; in Irland waren vergletschert alle höheren Gebirgsketten und trotz geringerer Erhebung der ganze Nordwesten. Die Eisdecke

---

*) Den Ausdruck „Drift“ für die glazialen Ablagerungen gebrauchen übrigens viele englische Geologen, die durchaus nicht mehr Anhänger Lyells sind.

**) Vgl. auch Lewis: Glacial Geology of Great Britain and Ireland. 1894.

überzog die Täler, Ebenen und Hügelländer mit Ausnahme der höheren Kuppen (z. B. der Penninen) und vielleicht von ganz Cornwallis, das irische Eis begegnete über dem Gebiete der heutigen „Irischen See" den von Schottland, Cumberland und Wales kommenden Eisströmen; dabei trug im Norden das schottische Eis den Sieg davon, denn man findet in der irischen Grafschaft Antrim schottische Geschiebe.

Anderseits schob sich über das Nordseegebiet das mächtige skandinavische Eis heran und man findet nordische Geschiebe nicht nur in Caithneß und Sutherland, sondern sogar an der Küste von Lincolnshire und in Norfolk.

Die Spuren der Eiszeit sind dieselben wie bei uns, besonders zahlreich aber nur in den höheren Gebirgen; da findet man Rundhöcker (die „roches moutonnées" der Franzosen, die „smoothed rocks" der Engländer), Gletscherschrammen (striae, striated rocks) im anstehenden Gestein, geschrammte Geschiebe (scratched stones), glaziale Faltungen (in weichen Schichten), Esker, wallartige Endmoränen, und als besonders auffallendes und schönes Werk der Eiszeit die durch solche Moränen oder ähnliche glaziale Bildungen abgedämmten Seen (vgl. S. 46 ff.); eine „glaziale Erosion" ist aber auch in den britischen Gebirgen in nennenswertem Maße nicht nachzuweisen.

Weiter verbreitet, auch in den Hügelländern und Ebenen, sind einzelne erratische Blöcke (boulders) und endlich die alte Grundmoräne, der zähe, blockreiche, ungeschichtete „Geschiebelehm" (boulder-clay oder „till"), sowie glaziale Sande und Kiese.

Leider werden auf englischen geologischen Karten diese jungen und meist lockeren Bildungen noch lange nicht mit der Sorgfalt behandelt, wie es z. B. von seiten unserer norddeutschen Geologen geschieht; auf Übersichtskarten verschwinden sie fast ganz. Allein zur Entschuldigung der Engländer läßt sich wohl anführen, daß die glaziale Bedeckung auf den Britischen Inseln doch meist dünner ist als im norddeutschen Flachlande, dünner, weil eben die einheimischen Gletscher nicht sehr bedeutend waren und Skandinavien, welches uns soviel Material geliefert hat, weit entfernt ist. Darum wirkt nun ferner die glaziale Bedeckung nicht bestimmend auf die Oberflächenformen ein, was bei uns doch der Fall ist; vielmehr haben die Ausdrücke: Juraschwelle, Kreidehügel ihre volle Berechtigung, denn die älteren Formationen gucken und schimmern sozusagen überall durch*), und auch durch Erosion ist viel glazialer Schutt schon wieder entfernt worden. Am massigsten tritt der Geschiebelehm wohl an der Küste von Lincoln und Norfolk auf und in der zentralen Ebene Irlands, wo schon v. Lasaulx wirkliche Hügel gebildet aus diluvialem Lehm mit Geschieben bemerkte.

Das Klima der Britischen Inseln.

Die Britischen Inseln haben ein entschieden ozeanisches Klima, d. h. sie haben kühle Sommer, milde Winter, überhaupt eine gleichmäßige Temperatur, dazu in allen Jahreszeiten viel trüben Himmel, viel Niederschläge. Dies ozeanische Klima genießt Britannien aber nicht, weil es ein Inselland ist, sondern als diejenige Ecke des nordwestlichen Europas, welche sich dem Atlantischen Ozean, dem Golfstrom und den von da kommenden Südwestwinden gerade entgegenstemmt; das britische Klima würde kaum ein anderes sein, wenn die Nordsee trocken liefe; denn auch heute bringen die (seltenen) Ostwinde sehr wenig Niederschläge.

In Bezug auf die Temperatur ist Britannien anderen Erdräumen in gleicher Globuslage gegenüber sehr begünstigt; es liegt zwischen dem 50. und 60. Parallel, d. h. diese hochkultivierten Inseln liegen in derselben Breite wie das unwirtliche Labrador, die meist zugefrorene Hudsonsbai, die öden Küsten des Ochotskischen Meeres! Die Sommertemperatur steigt nicht ganz so hoch wie im mittleren Deutschland; auch ist die Besonnung nicht ausreichend, um Trauben im Freien reifen zu lassen; doch ist es falsch, sich England als ein ewig trübes, kühles, unfreundliches Land vorzustellen; man hat diese Seite des englischen Klimas und ihren Einfluß auf Lebensweise und Nationalcharakter arg übertrieben. Englische Sommer sind fast so warm, sonnig und heiter wie die unseren. Dagegen sind klarer Himmel und Frost allerdings im Winter recht selten, Nebel und Regen herrschen dann vor; wiederum aber ist der Winter an der Südwestküste Irlands, der Südküste Englands so milde, daß man an die Riviera erinnert wird, Myrte und Lorbeer im Freien weitergrünen und Lungenkranke eine Zuflucht finden. Wesentlich anders, rauher ist es an der Ostküste; denn die

*) Die Ackerkrume ist meist nicht diluvialen Ursprungs, sondern durch Verwitterung der älteren Gesteine entstanden.

milden Winde kommen von Westen und die nordsüdlich verlaufenden Gebirge wirken als Wetterscheide.

Auffallend gering ist aus denselben Gründen der Temperaturunterschied zwischen Nord und Süd. Im nördlichen Schottland ist die mittlere Jahreswärme 8° C., im südlichen England 11°; die mittlere Temperatur des Januars beträgt für Edinburgh 3°, für Greenwich 3,5°, die des Julis für Edinburgh 14,5°, für Greenwich 18°.

An Niederschlägen*) ist das ganze Jahr hindurch und im ganzen Gebiete kein Mangel. Doch bestehen in der räumlichen Verteilung große Unterschiede zwischen der westlichen Luv- und der östlichen Leeseite. Da die Luvseite zugleich die gebirgige ist, so erhält sie den Löwenanteil der Niederschläge, welche sich im nordwestlichen Schottland, in Cumberland, Wales, dem südwestlichen Irland bis über 1500 mm i. J. steigern; der regenreichste Bezirk ist Cumberland, wo es in der Tat manches Jahr fast täglich regnet. Das englische Binnenland dagegen und die Ostküste haben bedeutend geringere Niederschläge und unterscheiden sich nicht von Mitteldeutschland; die trockensten Gegenden liegen am mittleren Trent, am Wash und an der Themsemündung (unter 600 mm Regenmenge); vergleichen wir die Extreme, so regnet es in Cumberland fast dreimal soviel als in Essex.

Die Luftdruckverhältnisse sind das grundlegende Element bei der Wetter- und Klimabildung. Ihre Betrachtung wird uns den Eindruck verstärken, daß nicht die Insellage, sondern die Lage an der Westfront von Nordeuropa für das britische Klima entscheidend ist, daß von der Westseite die entscheidenden Einflüsse kommen, daß darum aber auch das englische Klima nur graduell ein wenig, nicht aber wesentlich von dem unsrigen verschieden ist.

Im Sommer ist das bekannte atlantische Maximum („M. der Roßbreiten") ziemlich weit nach Norden gerückt und liegt bei den Azoren mit gelegentlichen Ausläufern bis Südengland. Im nördlichsten Atlantik ist keine besondere Neigung zur Bildung von Depressionen vorhanden, deren Zugstraße zudem weiter nach Norden verschoben ist. England hat daher zwar im allgemeinen westliche, aber nicht eben stürmische Winde und nicht allzuviel Niederschläge zu erwarten. Dies entspricht unserer oben vorgetragenen freundlicheren Auffassung des englischen Sommers. Regnerisch kann der Sommer aber (wie bei uns) werden

---

*) Vgl. Symons und Wallis: The British Rainfall. London 1894.

erstens durch Häufung örtlicher Depressionen (Gewitterbildung), zweitens wenn die auf dem Nordatlantik stets vorhandenen Depressionen durch Eismassen weiter nach Süden gedrängt werden.

Im Winter ist das Maximum der Roßbreiten nach Süden zurückgewichen, die Britischen Inseln liegen so recht auf der Zugbahn der tiefen nordatlantischen Minima, deren Mittelpunkt oft genug über sie hinzieht und die einander manchmal wochenlang in ununterbrochener Folge ablösen. Die von ihnen verursachten südlichen und westlichen Winde bringen dann fast alle Regen und zuweilen schlimme Stürme. Rückt aber von Süden das Maximum heran, „liegt ein Maximum vor dem Kanal", so bringt auch dies wieder Westwind und selten Frost. Trockenes, klares, kaltes Wetter tritt nur ein, wenn das große asiatisch-nordeuropäische Maximum einen Ausläufer nach Westeuropa sendet, von welchem dann Ostwinde nach England wehen, oder wenn gelegentlich, bei allgemein unbestimmter Luftdruckverteilung, die Britischen Inseln als Kontinent im kleinen wirken und sich dort ein isoliertes Maximum entwickelt.

Das Pflanzenkleid der Britischen Inseln.

Es ist in seiner botanischen Zusammensetzung nicht wesentlich verschieden von dem des nordwestlichen Europas und zeigt, abgesehen von den Unterschieden, welche ein sehr mildes Klima an den südlichen Küsten, ein nordisches Höhenklima in einigen Teilen Schottlands verursacht, ein recht gleichmäßiges Antlitz. Es unterliegt auch keinem Zweifel, daß die Britischen Inseln ein ursprüngliches Waldgebiet sind, von einigen Stellen abgesehen, wo heftige Seewinde, zu hohe Lage, zu ungünstiger Boden von jeher nur Moor und Heide aufkommen ließen. Ja, trotzdem die einstigen dichten Wälder dem Holzbedürfnis des Schiffsbaues und der immer dichter werdenden Bevölkerung zum Opfer gefallen sind, spielen die Bäume im englischen Landschaftsbilde wenigstens des Flach- und Hügellandes noch eine große Rolle. Da außerdem das mildfeuchte Klima das Gedeihen saftiger Wiesen begünstigt, so kann man die englische Landschaft*) am besten als eine hügelige Parklandschaft bezeichnen. Ein feiner Beobachter (v. Ompteda) sagt hierüber: „Der englische Park ist die

*) Die besonders in Wales, Schottland und Irland verbreiteten Heiden und Moore werden weiter unten geschildert werden.

veredelte englische Landschaft, und diese strebt sich dem Parke nachzubilden", und an anderer Stelle: „Die Vermeidung der geraden Linien, die Schonung der schönen alten Bäume, auch wo sie wirtschaftlich zum Schaden stehen, und die überwiegende Benutzung des Bodens als Wiese und Weide, also die Herrschaft der grünen Farbe, alle diese Eigenheiten bilden die Grundzüge in der ruhigen und heiteren, hoch kultivierten und doch natürlichen englischen Landschaft." — Das beste Abbild dieser Landschaft finden wir auf deutschem Boden in Holstein und im Münsterlande; auch dort machen die Buschhecken auf breiten Erdrücken mit einzelnen aufragenden Bäumen die ganze Gegend waldartig; dazu kommen in England freilich noch zahlreiche einzelne Bäume und Baumgruppen innerhalb der Feldstücke.

Die häufigsten Bäume sind in England: Eiche und Buche, im südlichen Schottland: Buche und Esche, im nördlichen: die Birke und die (schottische, glattstämmige) Fichte, in Irland die Eiche und streckenweise die Zeder. Einförmiger Nadelwald ist ganz selten. Überall aber gedeiht die dem Seeklima angehörige Stechpalme (Ilex aquifolium), das beliebte „holly" der Engländer. Wo nun die Engländer wirklich von Fores oder Wood sprechen, ist es fast nie eigentlicher, dichter Wald wie in Deutschland; sie lieben mehr die lichten Bestände. Eine hübsche Übersicht über die Reste des alten Waldbestandes (in England) gibt Fr. Broemel im Band II der „Nordlandfahrten", wozu man Bartholomews Karte in 1 : 126 720 vergleichen möge.

Der New Forest (Hants) ist noch ein ausgedehnter, obwohl vielfach unterbrochener Waldkomplex (mit besonders schönen Eichen); in Kent und überhaupt an den Kreidehügeln gibt es mehr Buchenhaine, vereinzelt ragt überall der düstere Eibenbaum. Auch im Windsor Park gibt es noch manche richtige Waldpartien. Ein ziemlich geschlossener Bestand ist der Forest of Dean in Hereford. Sherwood Forest (Robin Hoods Domäne) ist fast ganz verschwunden, auch Dartmoor Forest ist ganz entblößt, Exmoor zu einem strauchbewachsenen Moorland geworden. Den Londonern stehen noch Epping Forest im Norden, Richmond und Bushey Park im Süden zur Verfügung. — Schlimm sieht es in den englischen Mittelgebirgen und in Schottland aus. Während im deutschen Mittelgebirge im allgemeinen die Höhen bewaldet, die Täler gelichtet sind, ist es dort umgekehrt: die Höhen sind ganz kahl, nur die Täler haben etwas Baumwuchs (aber keinen wirklichen Wald). — Am waldärmsten unter den Britischen Inseln ist aber Irland; dort bedeckt der Wald noch keine 2 % der Bodenfläche, gegen fast 5 % in Großbritannien, 4 % im Vereinigten Königreich.

Die Tierwelt

der Inseln ist dieselbe wie in den Kulturländern Westeuropas. Daß die Raubtiere auf diesem engen Raume noch eher ausgerottet wurden als bei uns, ist leicht zu verstehen; daß auch ursprünglich der Artenbestand ein etwas geringerer war, wurde S. 5 erwähnt.

An den Küsten hat das Tierleben natürlich ein eigenartiges Gepräge durch den Fischreichtum des Meeres und die von ihm angelockten Schwärme der Seevögel.

Dem Jagdsport zuliebe werden Hasen, Hirsche (besonders in Schottland), Rebhühner, das schottische Moorhuhn (grouse, übrigens eine spezifisch britische Tierart) u. a. gehegt; die Füchse werden aus demselben Grunde nicht ausgerottet.

Urgeschichtliches.

Die ältesten Spuren menschlicher Besiedelung finden sich in Großbritannien meist in Höhlen, besonders also in den Kalkgebirgen, in Irland dagegen mehr in Torfmooren; es sind Schädel und andere Skeletteile, primitive Waffen und Geräte, Schmucksachen, Boote (letztere beiden Arten von Überresten besonders schön und zahlreich in Irland) gefunden. Nichts von der allgemeinen westeuropäischen Entwickelung wesentlich Abweichendes ist bei der Untersuchung bisher festgestellt worden.

Ebenso stimmt es zu den kontinentalen Verhältnissen, daß wir die menschlichen Überreste in Britannien zusammen mit den Resten jener mächtigen Säugetierfauna finden (Höhlenbär, Höhlenlöwe, Hyäne, Mammut), welche in der Postglazialzeit Nordeuropa bewohnte und mit der der Mensch im Kampfe lebte. Da ferner diese großen Säugetiere nur auf dem Landwege in das britische Gebiet gelangt sein können, so wird man annehmen dürfen, daß der Mensch die Entstehung der Straße von Dover noch mit angeschaut hat, nachdem vorher schon (vgl. S. 5) Irland sich von Großbritannien getrennt hatte. Auf den isolierten Landschollen ging dann die Ausrottung auch einer so starken und zahlreichen Spezies, wie der irische Riesenhirsch war, schnell vor sich.

Bevölkerungsverhältnisse.

Nach der Zählung vom 31. März 1901 betrug die Volkszahl des Vereinigten Königreichs*) rund 41 450 000, wovon auf

England und Wales 32 520 000,
Schottland 4 470 000,
Irland . . . . 4 460 000 kamen.

Zum erstenmal hat das Vereinigte Königreich die Republik Frankreich mit ihren 38 960 000 Einwohnern überholt, zum erstenmal hat aber auch Schottland das größere und ihm 1887 noch um eine Million Seelen voranstehende Irland geschlagen. Für die erste Tatsache liegt der Grund auf seiten Frankreichs in bekannten sozialpsychologischen Umständen, für die zweite in dem mißlichen Zustande Irlands und zum Teil in direkter Auswanderung von dort nach den schottischen Industriebezirken.

Das Wachstum der Gesamtbevölkerung des Vereinigten Königreichs wird übrigens neuerdings immer langsamer (gerade wie bei anderen alten Kulturländern). In den letzten 15 Jahren betrug die Zunahme durchschnittlich 340 000, d. i. nicht ganz 1 vom Hundert**). Ferner kommt das Wachstum fast nur den großen Städten zu gute, denn der Zug in die Großstadt ist in England ganz besonders stark, so stark, daß die Landbevölkerung als Ersatzquelle für Arbeitskräfte bald gar nicht mehr in Betracht kommen wird; wohnt doch schon ein Siebentel der Briten (ein Fünftel der Engländer) in London, ein Fünftel der Schotten in Glasgow. Ein Drittel der Bevölkerung der Britischen Inseln lebt in Großstädten mit über 100 000 Einwohnern, nur ein Viertel lebt auf dem Lande. So ist denn die Bevölkerung geographisch höchst ungleich über die Fläche verteilt: Bezirke, die von Menschen wimmeln wie Ameisenhaufen, grenzen an wahre Einöden, wo ein verirrter Fußwanderer verhungern könnte. Der Nordwesten der schottischen Hochlande ist so dünn bevölkert wie die Steppen Kleinasiens. — In England sind die südöstlichen, ackerbauenden Landschaften nicht sehr dicht bevölkert (mit Ausnahme der großen Menschenanhäufung im Londoner Bezirk). Am dichtesten bewohnt sind die großen Fabrik- und Bergwerkbezirke um Birmingham, in Lancashire,

*) Bei einem Flächeninhalt von 315 000 qkm.

**) Vgl. auch Welton: Distribution of Population in England and Wales 1801—1901. Journ. R. Statistical. Soc. 1900.

dem westlichen Yorkshire, die Gegend von Newcastle und Sunderland, sowie das Kohlenrevier von Südwales. Die Gebirge von Wales und Nordengland sind menschenarme Weidedistrikte. In Schottland drängt sich der größte Teil der Bevölkerung in der Niederung zwischen Edinburgh und Glasgow zusammen; die Gebirge veröden mehr und mehr. In Irland endlich ist die Bevölkerung gleichmäßig schwach außer in der nächsten Umgebung von Dublin, Cork, Limerick und dem gewerbtätigen Osten von Ulster. Es kommen auf 1 qkm: im Vereinigten Königreich 132 Einwohner, in England 234, in Wales 84, in Schottland 57, in Irland 53. (Im Deutschen Reiche 101, Königreich Sachsen 280, Mecklenburg-Strelitz 35.)

Nationalität*). Die Britischen Inseln sind noch keineswegs in dem Maße eine nationale Einheit, wie es nach außen wohl den Anschein hat. Die bisher mangelhafte Durchführung des Schulzwanges, das Fehlen der militärischen Dienstpflicht und die unleugbare Duldsamkeit in nationalen wie konfessionellen Dingen haben bewirkt, daß sich die Reste des Keltentums trotz des Zusammenlebens auf so engem Raume der englischen Mehrheit gegenüber ziemlich gut erhielten. Das vorkeltische „iberische" Element glaubt man freilich nur noch in einem zierlichen, brünetten Typus zu erkennen, der in Cornwall und dem südwestlichen Irland häufig ist. Nach den Iberern kamen die keltischen „Gaelen", diese wurden von den ebenfalls keltischen „Cymren" (Welschen) nach Norden und Westen gedrängt; nicht anders erging es aber dann den Cymren von seiten der Angeln und Sachsen. (Das Römertum hat in Britannien volklich noch weniger dauernde Wirkungen ausgeübt, als kulturell.)

Die normannische Eroberung mit ihrem starken Einflusse durchdrang das ganze Land (soweit es die Angelsachsen selbst beherrschten). Vergessen dürfen wir auch nicht die zahlreichen skandinavischen Einwanderungen; sie haben von der Zeit Alfreds des Großen bis auf Kanut und späterhin nordgermanisches Blut und nordgermanische Wörter (fell, dale, foss, beck, holme, ness) besonders nach dem östlichen England und dem nördlichen Schottland, aber auch nach Irland gebracht.

Der heutige Stand der Dinge ist nun folgender: Neben dem herrschenden, in seinem Wesen durchaus germanischen Englisch hat sich

*) Vgl. British Association Reports on the Ethnographical Survey of the U. K.

die keltische Sprache noch im gebirgigen Westen jeder der beiden Inseln erhalten. Das eigentliche England ist jetzt rein englisch, nachdem in Cornwall die alte kornische Sprache seit über 100 Jahren ganz erloschen ist. In Wales dagegen wird das „Welsch“ noch von dem größten Teile der Bewohner verstanden; Leute, die kein Englisch können, sind allerdings selten geworden. Gerade die gebildeten Walliser aber pflegen ihre alte (kymrische, nicht gaelische) Sprache, die leider eine törichte Schreibung hat, sehr eifrig, sodaß an ein völliges Aussterben derselben vorläufig nicht zu denken ist.

Schlechter steht es um die keltische (hier gaelische) Sache in Schottland; aus dem einfachen Grunde, weil die Hochlandsbevölkerung überhaupt zurückgeht, auswandert, die kulturell führenden Lowlands aber und das südliche Bergland seit lange englisch sind. — In Irland sind keltisch (ebenfalls gaelisch) der Sprache nach nur noch das nordwestliche Ulster, das westliche Connaught und das südwestliche Munster, doch ist in dem übrigen, größten Teile (außer Ulster) nur die Sprache anglisiert, das Blut keltisch und die Konfession katholisch. Auf der Insel Man ist auch ein keltischer Dialekt heimisch, „Manx“ genannt.

Die Zahlenangaben über das Geltungsgebiet des Keltischen sind leider meist nicht zuverlässig und greifen wohl zu hoch. Im ganzen mögen noch annähernd zwei Millionen Menschen (also nicht ganz 5 %) Keltisch verstehen, und zwar in Wales (nebst Monmouth) allein etwa 800 000 (über 50 %), in Schottland 200 000 (4,5 %), in Irland 700 000 (15 %). Weit geringer ist die Zahl derer, die nur Keltisch sprechen; man berechnet für Wales 50 000, Schottland 10 000, Irland 40 000.

Auf die im Englischen selbst bestehenden Dialektunterschiede einzugehen, ist hier nicht der Ort; sie sind im allgemeinen nicht sehr erheblich.

Der englische Nationalcharakter

ist nicht leicht zu verstehen und wird meist einseitig, oft nach veralteten Gesichtspunkten beurteilt. Er ist von sehr verschiedenen Faktoren beeinflußt worden; zunächst von der Rassenmischung, welche an sich schon nicht ungünstig wirken konnte, denn die erfolgreichsten Nationen sind Mischvölker gewesen. Zu dem britischen Volkscharakter lieferten die Kelten ein weiches, phantastisches Element, die Angelsachsen ein schon derberes, aber nach dem, was uns die altenglische

Literatur und Geschichte sagt, auch nicht eben politisch starkes; die zähe Rücksichtslosigkeit, der straffe politische Sinn kam erst durch das normannische Blut, sowohl der Dänen als besonders der Franconormannen. Unter dem Schutze der Insellage konnte sich die Verschmelzung in glücklicher Weise vollziehen, obwohl die kulturelle Isolierung Englands weder im Mittelalter noch neuerdings sehr bezeichnet gewesen ist. Ganz besonders aber mußte die Stellung als welt-, seebeherrschendes Volk auf den Nationalcharakter zurückwirken und man erfaßt vielleicht das Wesentliche, wenn man die Briten mit den Römern vergleicht; dann erklären sich manche widersprechende Züge, vor allem die unbestreitbare, achtungswerte Tüchtigkeit mit ihren für andere oft so unliebenswürdigen Äußerungen. Bei beiden Völkern finden wir dieselbe zähe Energie, besonders auch im Widerstande und in Zeiten des Unglücks, dasselbe Organisationstalent, dieselbe Tapferkeit, aber auch dieselbe Rücksichtslosigkeit, die Verhärtung gegen die Gefühle anderer Völker, alles Eigenschaften, mit denen man ein Weltreich erbaut, nicht aber Herzen gewinnt. Vielberufen ist ja der „englische Stolz", und dem „civis Romanus sum" entspricht vollkommen das „I am an Englishman".

Die Engländer sind ein Herrenvolk; ihre freundlichen Seiten zeigen sie nur dem gleichgestellten Volksgenossen und dem Fremden, den sie als gleichberechtigten Gast an ihrem Herde aufnehmen. Denn sie haben einen Sinn für häusliche Gemütlichkeit, sie sind gastfrei und können sich kindlich harmlos vergnügen.

Die Engländer sind ein aristokratisches, ein konservatives Volk trotz (oder wegen) ihrer scheinbar demokratischen Verfassung. Nirgends genießt der Adel soviel wirkliches Ansehen wie in England, wo er sich freilich immerfort durch die „erfolgreichen" (successful) Leute aller Berufe ergänzt, sodaß jeder Engländer eine unbegrenzte Möglichkeit des Aufsteigens vor sich hat und deshalb zufrieden und stolz sein kann. Von der Verfolgung seiner praktischen Ziele in Anspruch genommen und mit Schulwissen wenig belastet, ist der Engländer entschieden unkritisch — darum ist er auch wirklich religiös und es ist falsch, immer von englischer Heuchelei zu sprechen. Wie tief die Religiosität bei dem einzelnen Engländer geht, wird der Fremde schwer entscheiden können. Die Vielheit und fast völlige Freiheit der Bekenntnisse beruht auch wieder auf dem konservativen Gedanken, daß es im Grunde selbstverständlich ist, ein Christ oder doch ein religiöser Mensch zu sein, gerade wie die politische Freiheit darauf, daß jeder ein guter Engländer ist.

Ob die moderne industrielle Entwickelung wirklich einen so verderblichen Einfluß auf den englischen Nationalcharakter übt, wie z. B. Tille und Steffen meinen, bezweifele ich. Die Aristokratie, welche England und durch dieses die halbe Welt beherrscht, weiß sich vom Qualm der Fabriken wohl fernzuhalten, die Liebe zum Landleben ist in allen Ständen sehr groß; noch heute gilt frühes Heiraten und Kinderreichtum in England als ein Vorzug, und wir wollen nicht vergessen: frei über England weht von allen Seiten der herbe Seewind, lockend rauschen ringsum die erfrischenden Meereswellen; damit sind Einflüsse angedeutet, welche dem englischen Volke immer wieder körperliche Stärke und geistige Spannkraft zuführen!

Bodenkultur (Landwirtschaft)*).

Nach dem Statistical Abstract for the U. K.**) betrug im Jahre 1900 das Gesamtareal des Vereinigten Königreichs (in runden Zahlen) 31 Millionen Hektar. Davon waren landwirtschaftlich benutzt 20 Millionen Hektar, also nur annähernd zwei Drittel, und von diesen 20 Millionen Hektar diente über die Hälfte, 11,2 Millionen, nur zu Weidezwecken; auf den Wald kamen 1,2 Millionen Hektar, auf Getreide 3,6 Millionen, auf sonstige Kulturen 4 Millionen.

Von der Getreidefläche ist am wichtigsten das Weizenareal (Roggen wird als Brotfrucht so gut wie garnicht gebaut, nur als Grünfutter); es umfaßte nicht ganz 0,8 Millionen Hektar und ist in beständiger Abnahme begriffen. Überhaupt ist das Ergebnis der Beobachtung wie der Statistik, daß der Körnerbau immer mehr zurückgeht, der Weidebetrieb zunimmt, das Kulturland im ganzen gegenüber den unkultivierten Berghängen, Heiden, Mooren nicht zunimmt. Man kann von einem Teile Englands (zumal dem Norden) sagen: er verwandelt sich langsam in ein ungeheures Fabrikgewese mit dazwischenliegenden Einöden, Weideflächen, Parks, in denen sich die Fabrikbevölkerung gelegentlich Bewegung machen und frische Luft schöpfen kann.

---

*) Vgl. u. a. die anschauliche und gehaltvolle Darstellung von Rider Haggard: Rural England. 1902.

**) Vgl. auch die Agricultural Returns of Great Britain.

Im einzelnen bestehen noch große Unterschiede. Im eigentlichen England sind etwa vier Fünftel des Bodens landwirtschaftlich benutzt, im bergigen Wales nur drei Fünftel, in Schottland nur drei Zehntel, im vielgeschmähten Irland wieder vier Fünftel. Das Vorwiegen des Großgrundbesitzes hat auch seine üblen Folgen: Wald und Wildpark nehmen zu auf Kosten des Ackerlandes; die Landflucht der kleinen Leute ist ungeheuer und dies treibt die Besitzer dann wieder erstens zur ausgedehntesten Verwendung von Maschinen, zweitens zum Betreiben der Viehzucht, welche weniger Menschenhände erfordert, und drittens sind, um auch in der Viehzucht noch Hände zu sparen, die Weiden, d. h. also zwei Drittel von England, durch Steinmauern und Drahthecken eingezäunt. Die Viehzucht ist, zumal seit die Freihandelspolitik den Körnerbau nicht mehr recht lohnend machte, tatsächlich wichtiger geworden als jener, und in Wechselwirkung damit steht die Tatsache, daß die heutigen Engländer so große Fleischesser sind. Die Zuchtergebnisse sind aber auch vorzüglich und für andere Länder vorbildlich geworden. Nicht nur die englischen Pferde (Vollblut- und Arbeitspferde), auch Rindvieh und Schweine weisen eine durch sorgfältige Zuchtwahl erworbene Summe guter Eigenschaften auf.

Sehr leistungsfähig ist auch die Schafzucht, besonders auf den Bergtriften, sowohl in der Woll- wie der Fleischproduktion.

Man zählte im Jahre 1900: Pferde 2 Millionen, Rinder 11,4 Millionen (fast die Hälfte in Irland), Schafe 31 Millionen (wenig in Irland), Schweine 3,8 Millionen.

Mineralschätze*) und Industrie. Handel.

Durch Metallreichtum war Britannien schon längst bekannt, aber erst der Reichtum an Steinkohlen hat neuerdings die Metallverwertung und die gesamte Industrie zur höchsten Blüte geführt. Die britischen Steinkohlenfelder gehören geologisch der oberen, produktiven Abteilung der Karbonformation an, von deren einst viel weiter verbreiteten Schichten einzelne Mulden erhalten geblieben sind. Sie liegen fast alle im nordwestlichen England sowie in Wales und dem mittleren Schottland. In England und Wales unterscheidet man 7 größere Kohlenreviere; die von Northumberland und Durham, Yorkshire und Derbyshire

*) Vgl. Annual General Report upon the Mineral Industry of the U. K.

(zwischen Leeds und Derby), Südstaffordshire (um Wolverhampton), Nordstaffordshire (um Stoke), Lancashire, Bristol und Südwales. In Schottland liegen verschiedene Becken dicht zusammen, hauptsächlich östlich und südöstlich von Glasgow; in Irland ist nennenswert nur das von Leinster, südwestlich von Dublin. Die jährliche Förderung wird auf rund 200 Millionen Tonnen berechnet und ist beständig im Steigen, ohne daß in absehbarer Zeit eine Erschöpfung der Kohlenflöze zu befürchten wäre. Die Eisenerze finden sich günstigerweise fast mit jedem größeren Kohlenlager verbunden; ihre Lagerstätten brauchen deshalb nicht besonders aufgezählt zu werden; hinzu kommt noch das vorzügliche Lager von Cleveland (im nördlichen Yorkshire). Irland ist auch in dieser Hinsicht benachteiligt. Die Gesamterzeugung von Roheisen wird auf 12 Millionen Tonnen angegeben.

Die einst so berühmten Zinnlager Cornwalls sind nahezu erschöpft; wichtig sind noch die dortigen Kupferminen; Blei und Zink werden besonders in den Penninen und in Cumberland gefördert. Bedeutend ist die Salzproduktion (3 Millionen Tonnen) hauptsächlich aus den Triasschichten von Cheshire.

Dank den Kohlen- und Eisenschätzen sowie verschiedenen grundlegenden technischen Erfindungen, die auf britischem Boden gemacht wurden, entwickelte sich England in der ersten Hälfte des 19. Jahrhunderts zum führenden Industriestaate der Welt, in welcher Stellung es jetzt allerdings von Deutschland und den Vereinigten Staaten bedroht ist. Gegen die Industrie (und den Handel) treten in England alle anderen Erwerbszweige zurück. Die Landwirtschaft vermag längst nicht mehr die stark angewachsene Bevölkerung zu ernähren; die Industrie muß es tun, indem sie Werte für die Ausfuhr schafft. Solche Werte sind hauptsächlich: 1. Metall-, besonders Eisen- und Stahlwaren größter und kleinster Art; 2. Gespinste und Gewebe (hauptsächlich wollene und baumwollene); dazu treten 3. als Rohprodukt die Steinkohlen. Einen Einblick in diese Verhältnisse gewährt die Statistik des englischen Handels (immer noch des bedeutendsten der Welt)*). Danach gelangten im Jahre 1900 zur Ausfuhr Roheisen, Stahl, Metallwaren aller Art, fertige Schiffe für 720 Millionen Mark, Gespinste und Gewebe aus Baumwolle, Wolle,

*) Vgl. außer dem Statistical Abstract for the U. K. noch: Annual Statement of the Trade of the U. K. und: Annual Statement of the Navigation and Shipping of the U. K.

Leinen, Jute für 520 Millionen Mark, Steinkohlen 46 Millionen Tonnen, im Werte von 800 Millionen Mark*). Zur Einfuhr gelangen Fabrikate sehr wenig, sondern hauptsächlich 1. Rohstoffe für die englische Industrie, 2. Nährstoffe und Genußmittel für die dichte Bevölkerung.

Zu 1. Rohbaumwolle, Schafwolle, Flachs, Jute, Häute, Kautschuk, Erze, Metalle, Holz.

Zu 2. im Jahre 1900: 500 000 Rinder, 400 000 Schafe, sehr viel geschlachtetes Fleisch (besonders aus Australien), Schinken und Speck, Butter, Schmalz, Margarine, 2 Milliarden Eier(!), ferner für 460 Millionen Mark Weizen (meist aus den Vereinigten Staaten und Argentinien), für 200 Millionen Mark Weizenmehl, für 380 Millionen Mark Zucker, für 220 Millionen Mark Thee; Kartoffeln, Tabak, Wein. Im ganzen betrug 1900 der Wert

der Einfuhr . . . . . . 10 460 000 000 Mark,
der Ausfuhr . . . . . . 7 088 000 000 Mark.

Dieses Ergebnis ist nur scheinbar ungünstig, denn der „Fehlbetrag“ wird mehr als gutgemacht 1. durch den Zinsgewinn aus a) fremden Anleihen in britischen Händen, b) britischem Kapital, welches im Auslande arbeitet, 2. durch den Verdienst der englischen Reedereien und des englischen Handels als Vermittlers internationaler Geschäfte.

Die englische Handelsflotte ist die größte der Welt, sie allein umfaßt über die Hälfte (60 %) der Welthandelsflotte (die deutsche 10 %). Allerdings scheint wie Englands Industrie und Handel so auch die Handelsflotte ihren Höhepunkt erreicht zu haben. Jener Prozentsatz nimmt beständig ab (derjenige Deutschlands zu). Vorhanden waren im Jahre 1900:

Segelschiffe . . 10 700 mit 2,2 Mill. t (Durchschn. ca. 200 t),
Dampfer . . . 9 200 „ 11,8 „ t („ „ 1100 t).

Die ersteren nehmen beständig ab, die letzteren zu; der mittlere Tonnengehalt ändert sich nicht wesentlich.

Gesamtschiffsverkehr (in Millionen t).

	Angekommen	Abgegangen	Zusammen
1891 . . .	37	38	75
1900 . . .	49	49	98

*) Die Erträge der britischen Seefischerei, besonders des schottischen Heringsfanges, sind zwar an sich nicht unbedeutend, beeinflussen aber die Handelsbilanz nicht wesentlich.

davon waren Dampfer:

	Angekommen	Abgegangen	Zusammen	
1891 . . .	31	32	63	49 britische 14 fremde
1900 . . .	45	45	90	60 britische 30 fremde.

Die fremden Dampfer nehmen also zu!

Von den 98 Millionen Tonnen des Gesamtschiffsverkehrs waren im Jahre 1900 etwa zwei Drittel britische, dann kam Norwegen, dann Deutschland; im Dampferverkehr aber waren die Deutschen den Norwegern überlegen.

Interessant ist auch ein Vergleich des Verkehrs der größten europäischen Häfen (für das Jahr 1899); es hatten (Millionen Tonnen)

London	9,44
Hamburg	7,77
Antwerpen	6,87
Rotterdam	6,32
Liverpool	6,15

während im Jahre 1880 Liverpool noch an zweiter, Hamburg erst an dritter Stelle stand.

Allein es wäre falsch, wegen des unbestreitbar erfolgreichen Wettbewerbs anderer Nationen nun schon von einem Niedergange der englischen Schiffahrt zu reden; dafür arbeitet sie unter viel zu günstigen Bedingungen. Noch behauptet Altengland seinen Platz mit Ehren, noch ist die blutrote Flagge mit dem blauweißen Kreuz die verbreitetste und geachtetste der Welt. — Die Haupthäfen des Landes ordnen sich in folgender Reihenfolge: London, Liverpool, Cardiff, Newcastle, Hull, Glasgow, Southampton, Swansea, Sunderland, Bristol.

Finanzwesen *).

Der englische Staatshaushalt für 1901 wies auf an Einnahmen (rund) 2 Milliarden 660 Millionen Mark, an Ausgaben (rund) 3 Milliarden 750 Millionen Mark, also ein Defizit von über 1 Milliarde, und zwar infolge des Burenkrieges, welcher sich in finanzieller Hinsicht noch auf lange Zeit fühlbar machen wird. Die Einnahmen setzen sich

*) Die Kapitel über Verfassung und Verwaltung sind ausführlicher behandelt in Wendts „England“.

zusammen 1. aus den Zöllen, welche übrigens nur auf einigen Genußmitteln, wie Thee, Kaffee, Spirituosen, Tabak lasten und 526 Millionen Mark einbringen, 2. aus den Einnahmen der Post: 346 Millionen Mark, 3. aus dem Ertrage der direkten Steuern: 1660 Millionen Mark (davon Einkommensteuer 540 Millionen, Bier- und Branntweinsteuer 660 Millionen).

Von den Staatsausgaben beanspruchte schon 1891 die verhältnismäßig kleine Armee 352 Millionen Mark, 1901: 1830 Millionen. Die viel wichtigere Flotte erhielt 1891: 282 Millionen Mark, 1901: 490 Millionen. Auf das Volksschulwesen kamen nur 232 Millionen, dagegen 302 Millionen Mark auf die Verzinsung der ungeheuren Staatsschuld (sie betrug am 31. März 1901 rund 14 Milliarden Mark).

Kriegswesen.

Die englische Landmacht zerfällt in das stehende Heer (Regular Army), welches sich durch Werbung ergänzt, die Miliz (Militia nebst Yeomanry = berittener Miliz), welche eigentlich noch auf dem Prinzip der allgemeinen Wehrpflicht beruht, in Wirklichkeit aber auch nur aus angeworbenen Leuten besteht, und die Freiwilligen-Armee (die Volunteers), Zivilisten, welche eine ganz flüchtige militärische Ausbildung erhalten und höchstens im Schießen einige Übung erwerben. Die Stärkeziffern waren (auf dem Papier) im Jahre 1901: Stehendes Heer 380000 Mann, Miliz 100000 Mann, Volunteers 260000 Mann. Die ganz ungleichwertigen Zahlen zu addieren, hat keinen Zweck. Geographisch interessant ist die räumliche Verteilung des stehenden Heeres. Die Garnisonen finden sich, wie Mackinder hervorhebt, einerseits im südöstlichen England (wegen der Nähe des Kontinents), anderseits in dem stets unruhigen Irland. Der Rest des Landes ist von Truppen fast ganz entblößt.

Weit wichtiger als das Landheer ist für den Inselstaat die Seemacht. Die englische Kriegsflotte ist die größte und stärkste der Welt nach Organisation, Material und besonders Personal. Sie wird gegenwärtig noch sehr stark vermehrt und zählte im Jahre 1901: 55 Linienschiffe, 23 Küstenpanzer, 113 große und kleine Kreuzer, 292 Torpedofahrzeuge.

Die Bemannung (einschließlich der eingeschifften Seesoldaten) betrug 155000 Mann, an Land befanden sich 42000 Marinemannschaften.

Eisenbahnwesen*).

Das britische Eisenbahnnetz ist das älteste der Welt; schon 1825 wurde zwischen Stockton und Darlington die erste Lokomotivbahn für den Güterverkehr, 1830 zwischen Manchester und Liverpool die erste Personenbahn eröffnet. Die folgenden 20 Jahre brachten eine rapide Entwickelung des Bahnnetzes. Alle Hauptlinien stammen schon aus dieser Zeit. Dann folgte ein Rückschlag, eine Zeit des Stillstandes, und erst die letzten Jahrzehnte des 19. Jahrhunderts brachten den weiteren Ausbau des Bahnsystems; heute hat Britannien neben Belgien und Mitteldeutschland das dichtmaschigste Eisenbahnnetz der Welt. Die Länge der Eisenbahnen des Vereinigten Königreichs betrug im Jahre 1900: 35 400 km, die Zahl der beförderten Personen über eine Milliarde, die Masse der beförderten Güter fast eine halbe Milliarde Tonnen, das in den Bahnen angelegte Kapital über 20 Milliarden Mark, die Brutto-Einnahme 2 Milliarden, die Netto-Einnahme 800 Millionen.

Die britischen Eisenbahnen sind durchweg Privatbahnen, allerdings unter wirksamer Kontrolle des Parlaments.

Die einzelnen Gesellschaften machen sich im allgemeinen keine rücksichtslose Konkurrenz, sondern je eine hat in einem bestimmten geographischen Bezirk ein stillschweigend anerkanntes Monopol. Die wichtigsten englischen sind die Nordwest-, die Große Nord-, die Große Ost-, die Südost-, die Große West-, die Mittelland- und (jüngeren Ursprungs) die Zentralbahn. Eigentümlich ist noch, daß jede Gesellschaft außer ihrem bestimmten Territorialnetz wenigstens eine in London mündende Linie gebaut hat.

Was die Wirksamkeit des Privatbahnsystems etwa im Vergleich mit unserer Staatsbahn angeht, so kommt der Personenverkehr in England besser fort (nach Fahrpreisen**), Schnelligkeit der Züge, Ausstattung der Wagenklassen); die Frachttarife dagegen sind bedeutend höher als bei uns. Da das britische Eisenbahnwesen in seiner Art konsolidiert ist, so bilden die vielen Milliarden von Eisenbahnaktien (railway-shares) wichtige und beliebte Anlagepapiere (insbesondere bei dem niedrigen Zinsfuße der englischen Staatsanleihen).

---

*) Vgl. Acworth: The Railways of England. Derselbe: The Railways of Scotland. Beide Werke zuerst 1890 und seitdem wiederholt aufgelegt.

**) Abgesehen von dem Fehlen der IV. Wagenklasse!

In Schottland und Irland arbeiten eigene, zum Teil auch recht bedeutende Gesellschaften wie die Caledonische und die Nordbritische Bahn.

Post und Telegraphie

sind wie auf dem Kontinent verstaatlicht und werden in musterhafter Weise betrieben. Vorangegangen ist Großbritannien den übrigen Staaten durch Einführung des billigen Pennyportos für den Binnenverkehr (durch Rowland Hill 1841).

Im Jahre 1901 wurden 2 1/3 Milliarden Postsendungen befördert, 57 auf den Kopf der Bevölkerung (im Deutschen Reich: 98).

Die Brutto-Einnahmen der Postverwaltung betrugen 346 Millionen Mark, die Ausgaben 268 Millionen, der Überschuß demnach 78 Millionen (im Deutschen Reichspostgebiet: 54 Millionen).

Schulwesen.

Das britische Schulwesen ist mit dem der anderen westeuropäischen Völker noch nicht zu vergleichen, trotzdem in den letzten Jahrzehnten große Fortschritte gemacht sind. Die Abneigung der Engländer gegen staatlichen Zwang und Uniformierung hat hier sehr ungünstig gewirkt. Erst seit 1870 besteht überhaupt Schulzwang, doch sind die Volksschulen nur zum kleineren Teile Gemeinde-(Board-)Schulen, zum größeren Teil (meist staatlich unterstützte) Kirchenschulen. Die Eltern haben das Recht, ihre Kinder vom 3. bis zum 15. Jahre zur Schule zu schicken, doch verlassen die Kinder meist schon mit dem 12. Jahre die Schule; die Vorbildung und Besoldung der Lehrer ist noch ungenügend, die Lehrmethode infolge des übertriebenen Preis- und Examinationssystems meist recht mechanisch.

Wie mangelhaft selbst heute der Schulzwang durchgeführt wird, zeigt folgende amtliche Statistik: Zahl der schulpflichtigen Kinder 1900 in Großbritannien: 6 400 000 (in den Listen!), durchschnittlicher Schulbesuch: 5 300 000; für Irland waren die Zahlen gar 750 000 und 480 000!

Die höheren Schulen sind sämtlich Privat- oder Stiftungsanstalten; unter den letzteren sind am angesehensten die zu Eton, Harrow, Rugby, Winchester, Charterhouse (bei Godalming, Surrey), Christ's Hospital (London), Westminster. In ihnen werden die Söhne der höheren Stände zu „gentlemen“ erzogen, daher wird weniger Wert auf das Wissen, als auf anständiges, gesetztes Benehmen und auf Körperpflege gelegt. Im Mittelpunkte des theoretischen Unterrichts stehen immer noch die alten Sprachen und die Mathematik. Alle Schulen sind Internate. Bessere Leistungen weisen die Grammar-schools der größeren Städte auf, welche auch armen, aber begabten Knaben offenstehen. Ein Vorzug der englischen Schulen ist aber das Fehlen des unglückseligen Berechtigungswesens.

Hochschulen. Die beiden alten Universitäten Oxford und Cambridge bestehen noch nach mittelalterlicher Weise aus „Colleges“, in welchen die Studenten halb klösterlich zusammenleben. Unterricht wird teils von Universitäts wegen, teils in den Colleges, teils von Privatlehrern erteilt. Fach- und Arbeitsuniversitäten im festländischen Sinne sind Oxford und Cambridge nicht, gesellschaftliche und sportliche Betätigung spielen eine große Rolle. Daneben entstehen aber neuerdings in den Großstädten teils durch private Freigebigkeit, teils durch Unterstützung der Kommunen moderne, wohlausgestattete Universitäten, welche für die Fachwissenschaften mehr leisten, wenn sie sich auch mit deutschen noch nicht messen können; eher gilt dies schon von den schottischen, weniger wieder von den irischen Universitäten. Technische Hochschulen gibt es in dem Mutterlande der modernen Großindustrie nicht; doch wird der mittlere technische Unterricht in London und anderen Großstädten gepflegt.

Verfassung. Verwaltung. Politische Einteilung *).

Das Vereinigte Königreich bildet eine konstitutionelle Monarchie mit drei politischen Faktoren: Krone, Oberhaus, Unterhaus; jedoch ist die eigentliche politische Gewalt auf das Volk bezw. seine Vertretung, das Unterhaus übergegangen. Die 670 Unterhausmitglieder (Members of Parliament) werden auf Grund eines nachgerade ziemlich ausgedehnten Wahlrechts gewählt. Die Mehrheit des Unterhauses bildet aus sich das Ministerium, welches von der Krone nicht zurückgewiesen werden kann.

Das Ministerium leitet die Politik des Landes, denn das Veto der Krone ist praktisch außer Gebrauch gekommen. Das Unterhaus beschließt über die Gesetze, welche das Oberhaus nur im ganzen an-

*) Zu vgl. die allgemeinen Kapitel bei den betreffenden Ländern.

nehmen oder ablehnen kann. Auch ist das Ansehen des letzteren dadurch gesunken, daß die Regierung „neue Lords machen kann" (Pairsschub). Verliert das Ministerium dagegen das Vertrauen des Unterhauses, so tritt es zurück und wird durch ein neues aus den Reihen der bisherigen Opposition ersetzt. — Für die Verwaltung bilden England, Wales, Schottland, Irland, Man und endlich die Kanalinseln je eine der sechs „divisions", die also von sehr ungleicher Größe sind. Ebenso unsystematisch ist die weitere Einteilung; die Grafschaften, Counties, Shires, sind nämlich von sehr verschiedenem Umfange. In England z. B. ist Yorkshire die größte Grafschaft mit 15700 qkm (= Königreich Sachsen), Rutland die kleinste mit nur 400 qkm (= Schaumburg-Lippe).

Auch nach ihrem Ursprunge sind die Grafschaften sehr verschieden. Einige sind offenbar sehr alt (angelsächsische Königreiche), wie Kent, Essex, Norfolk u. s. w., andere haben sich um einen städtischen befestigten Mittelpunkt herumgeschlossen: Worcestershire, Gloucestershire; bei anderen scheinen feudale Einflüsse mitgewirkt zu haben.

Im allgemeinen sind sie übrigens vom geographischen Standpunkte aus nicht ungünstig zu beurteilen, sie sind meist wirkliche geographische Einheiten.

Durch die Local Government Acts von 1888 und 1894, welche eine demokratische Tendenz hatten, wurden die 40 alten Counties von England nebst den 12 wallisischen Grafschaften neu eingeteilt und ihre Aufgaben fixiert. Es bestehen nun: a) 60 Administrative Counties (es sind alte Counties oder Teile von solchen, aber ohne die größeren Städte), b) 67 County Boroughs (Städte mit über 50000 Einwohnern), c) 1 County of London, d) 1 City of London; zusammen 129 Hauptbezirke. In jedem Bezirk unter a) gibt es einen County Council, unter b) einen Town Council, bei c) den „London County Council", bei d) eine besondere auf Gilden aufgebaute Verfassung mit Aldermen und Lord Mayor. — Innerhalb der administrativen Counties haben die Stadtgemeinden (von 10—50000 Einwohnern) Sonderstellung und Selbstverwaltung.

Unserer Landgemeinde entspricht das Parish (Kirchspiel, Parochia); ursprünglich gab es nur kirchliche Parishes, jetzt gibt es auch weltliche; die Grenzen der beiden Arten decken sich nicht immer. Für besondere Zwecke (Schulwesen, Armenpflege) hat man mehrere

Parishes zusammengelegt zu größeren Verbänden („Unions“). Daß übrigens die alte englische Selbstverwaltung (das Selfgovernment), welche auf ehrenamtlichem Dienst der höheren Stände beruht, immer mehr dem modernen System der bezahlten Beamten weicht, hat zuerst Gneist*) warnend hervorgehoben, und seine Warnung bestätigt sich auf Schritt und Tritt.

---

*) In seinem klassischen Werke: Geschichte und heutige Gestalt der englischen Kommunalverwaltung.

II.

England und Wales.

A. Physische Geographie.

Küstenwanderung *).

Die berühmten weißen Kreideklippen, „the white cliffs of England“ beginnen mit dem North Foreland, dem südöstlichen Eckpfeiler der Themsebucht. Die beiden Lieblingsbadeorte des Londoner Volkes, Margate und Ramsgate, liegen auf und an diesen steilen, aber nicht eben hohen Klippen. Südlich von Ramsgate verschwinden diese ganz; zwischen flachen Ufern mündet hier das Flüßchen Stour, einen jetzt versandeten Hafen (Sandwich) bildend.

Aber bald, bei Deal, tauchen die Kreidefelsen wieder auf und ziehen, nun immer stattlicher ansteigend, zunächst scharf südlich zum South Foreland und dann südwestlich nach Dover und Folkestone. Hier bilden sie nun geographisch und geschichtlich die klassischen Grenzpfeiler Englands. Wer hier friedlich oder feindlich je dem Gestade Englands nahte, erblickte diese weißschimmernden Wände; auf dem 100 m hohen „Shakespere's Cliff“ bei Dover wähnt sich Lear, als er den Sprung in die Tiefe tun will. An jedem klaren Tage sieht man von hier die 32 km entfernte französische Küste (Kap Gris Nez). Geologisch betrachtet sind diese Felswände einfach die östliche Abbruchsfläche der unter dem Namen „Downs“ Kent durchziehenden Kreidehügel. Rücksichtslos hat das Meer dieselben quer zu ihrem Streichen gleichsam abgeschnitten. Höhen und Mulden enden gleich schroff, nur verschieden hoch, am Gestade. Bei Folkestone weichen die Downs jäh landeinwärts zurück, das Ufer wird flach, es beginnt die sonderbare dreieckige Halbinsel Romney Marsh

*) Vgl. u. a. Cornish: Sea-Beaches and Sandbanks. Geogr. Journ. XI. 1898. Derselbe: Wave Surfaces in Sand. Scot. Geogr. Mag. XVII. 1901. Wheeler Seacoast. Nature 1900.

S. 29.

Südenglische Kreideküste. Kap Beachy Head.

(deren äußerste Spitze Dungeneß heißt); über 200 qkm groß und flach wie eine Tenne ist dies auffallende Gebilde, das ganz aus grobem und feinem Gerölle besteht und offenbar vom Meere angeschwemmt ist. Noch Geikie*) sucht die Ursache der Anschwemmung gerade an dieser Stelle in dem Zusammentreffen der Gezeitenströme (von Westen und von Osten); aber die von Südwesten kommende Küstenströmung (-spülung) herrscht durchaus vor und tatsächlich besteht Romney Marsh im Süden aus lauter parallelen Geröllbänken, welche von jener Strömung im Anschluß an die einst weiter vorspringende hohe Landecke von Winchelsea abgesetzt wurden, bis denn auch im Norden durch Flüsse Ablagerung eintrat**).

Bei Winchelsea also ist wieder hohes Ufer — bis Hastings und St. Leonards; hier endet der mittlere Höhenrücken des Wealdgebietes. Hübsche Täler öffnen sich landeinwärts, auf der Höhe ragt Hastings Castle empor, am glatten Strande prangt das moderne Seebad.

Jenseits eines kurzen, öden und flachen Küstenstreifens sehen wir aus dem Innern die South Downs herbeiziehen, die in dem stolzen Vorgebirge Beachy Head steil zum Meere abstürzen. Dies ist mit 170 m der höchste Punkt der Kreide an der Südküste. Das grüne Meer, die glänzendweißen Felswände, die bunten Kiesel an ihrem Fuße halb verdeckt von rotbraunem Seetang — dies alles gibt bei hellem Sonnenschein ein farbenprächtiges Bild.

Westlich von Beachy Head folgt die Küste fast parallel dem Zuge der Downs; doch allmählich treten diese zurück und lassen schon bei Brighton vor sich Raum für die „Königin der Seebäder". Im ganzen schwingt sich die Küstenlinie bogenförmig hinüber zu dem nächsten Vorsprunge Selsey Bill; dieser ist im Gegensatz zu Beachy Head flach und doch auch verschieden von Dungeneß, denn in Selsey Bill überwiegt die Abspülung und es sind durch die fortgewaschenen tertiären Sande und Tone gefährliche Untiefen gebildet worden, während Dungeneß aus tiefem Wasser aufragt.

Die Küste gewinnt nun eine reizvolle und zugleich praktisch wertvolle Gliederung. Während wir nämlich bisher nicht einen einzigen größeren Hafen passierten, finden wir jetzt nicht nur Häfen, nein wahre Tummelplätze für Kriegs-, Handels- und Sportfahrzeuge. Westlich von Selsey Bill bildet die Küstenlinie etwa ein griechisches λ,

*) Geography of the British Isles. 1898.

**) Vgl. Gulliver: Dungeness Foreland. Geogr. Journal IX. 1897.

dessen äußere Arme auch noch vorzügliche Ankerplätze bieten, da die große Insel Wight als Wellenbrecher quer vorgelagert ist. Von Osten kommend finden wir zwischen Wight und dem Festlande die treffliche Reede „Spithead“; in diese münden von Norden haffartige Buchten, z. B. Portsmouth Harbour. Der westliche Arm des λ heißt Solent, der nördliche, tief ins Land reichende, Southampton Water. Geschützte Lage, große Wassertiefen, günstige Tidenverhältnisse machen diesen Küstenbezirk besonders wertvoll. Daß die Insel Wight nichts ist als ein echtes, nur abgetrenntes Stückchen England, zeigt sich auch an ihrer Südküste. Da haben wir wieder die Kreide mit ihrer uns schon bekannten Erscheinung: grünes, sanftwelliges Land ist plötzlich abgebrochen, so daß das weiße Innere bloßliegt. Als besonderer Reiz kommen bei Wight noch einzelne losgelöste Kreidepfeiler hinzu, so die berühmten Needles an der Westecke mit ihren wirklich nadelartigen Spitzen.

Die Festlandküste westlich vom Solent zeigt auch Steilabbruch, aber von tertiären Schichten, die bei Bournemouth mit dem in England so seltenen Nadelwald gekrönt sind. Dann geht's hinein nach dem wunderlich verzweigten „Poole Harbour“, welcher die Isle of Purbeck von Norden bespült; diese Isle ist eigentlich eine Halbinsel, aus festem Kalkstein bestehend und an der Südseite steil abfallend. Weiter westlich folgt ein merkwürdiges Küstengebilde; die aus festem Jurakalk bestehende Insel Portland (mit der schnabelartigen Südostspitze Portland Bill) ist nämlich sekundär wieder dem Festlande angegliedert durch einen 22 km langen Gerölldamm „Chesil Bank“, welchen die Küstenströmung hier angespült hat. Die Gerölle sind von Westen nach Osten der Größe nach so genau geordnet, daß die Fischer, wenn sie im Nebel landen, an der Größe der Kiesel sich orientieren.

Die Südwestküste Englands, die Südküste von Devon und Cornwall, trägt einen einheitlicheren Charakter, als die bisher umwanderte. Sie ist durchweg Steilküste, und zwar die Abbruchskante alter Gesteine, der devonischen Kalke und Sandsteine, des Granits und Serpentins in Cornwall. Im großen haben wir hier drei sichelförmige Buchten: eine von Portland Bill bis Start Point, die zweite von da bis zur Lizard, die dritte zwischen Lizard und Land's End. Diese Bogenlinien sind aber ausgefranst durch fjordartige Buchten*), und so bietet sich im

*) Echte Fjorde liegen hier nicht vor, weil dem Boden die Trogform fehlt, die Tiefen vielmehr gleichmäßig nach außen zunehmen.

einzelnen eine Fülle malerischer Küstenbilder mit seltsamen, oft rötlich schimmernden Felsbildungen, Meerhöhlen, Naturbrücken.

Für die Schiffahrt sind zwar, wenn wir im Osten beginnen, die Mündungstrichter von Exe und Teign zu stark versandet, und die prächtige Torbay bietet nur Badestrand, aber das alte Dartmouth mit seinem kulissenartigen Felstor am Hafeneingang ist immer noch ein betriebsamer Platz. Das Kap Start Point („Scheidepunkt“) ist in der Tat für viele westwärts segelnde Schiffer der letzte Punkt Europas, den sie sehen. Bald folgt auf einige kleine Golfe der wichtigste von allen: Plymouth Sound, breit und tief, landeinwärts mehrfach verzweigt, Felseninseln umschließend, an seiner breiten Mündung geschützt durch einen mächtigen Wellenbrecher, während draußen im offenen Meere, 17 km südlich von Plymouth auf einer wogenumbrandeten Klippe der hohe Leuchtturm von Eddystone die Ansegelung erleichtert. Weiterhin, in Cornwall, verlieren die guten und landschaftlich oft entzückenden Naturhäfen ihren kommerziellen Wert, da das Hinterland fehlt, sie gewähren jedoch den Fischern eine willkommene Zuflucht, so Fowey, Truro, Falmouth.

Die Lizard („Eidechse“) ist eine rundliche, vielgespaltene Felsklaue aus metamorphischem Gestein (Serpentin); sie fällt nach drei Seiten ins schäumende Meer ab.

Nun eröffnet sich westlich die weite Mount's Bay, benannt nach dem romantischen Felsenschlosse St. Michael's Mount; der innerste Teil heißt Bai von Penzance und hat bei seiner geschützten Lage ein besonders mildes Klima. Im Südwesten endet England in einem breiten, niedrigen Granitklotz, dessen äußerster Vorsprung den bezeichnenden Namen Land's End führt. Dies Kap ist der meerbeherrschenden Insel wahrhaft würdig: schroff und zerrissen trotzt es den Südweststürmen und der furchtbaren Brandung, welche freilich schon zahllose Klippen und Pfeiler von der Hauptmasse abgesprengt hat. Ein Leuchtturm bezeichnet die für die Schiffe gefährlichste Stelle. Wieviel weiter hier das Land einst nach Südwesten reichte, zeigen die kleinen, ganz felsigen, von einer geradezu wütenden Brandung umpeitschten Scilly-Inseln, 36 km südwestlich von Land's End.

Die Nordküste von Cornwall und Devon ist stiller und hafenärmer, als die Südküste, gibt ihr aber an großartiger Felsszenerie nichts nach. St. Ives, Newquay, Tintagel-Castle liegen auf felsigen Halbinseln, die nur durch schmale Isthmen mit dem Festlande zusammenhängen. Hartland Point besteht selbst aus carbonischem Kalkstein, weist aber westwärts hin auf das granitische Lundy Island, ein Restchen früherer Landmassen. Östlich von Hartland Point weicht die Küste zurück in der flachen Barnstaple Bay. Das Südufer des Bristol Channel folgt dem Streichen des Exmoor Plateaus; die Küste ist darum im allgemeinen geschlossen, die Felsbildung aber, besonders bei Ilfracombe, wahrhaft imposant, ernst und streng. Etwa von Bridgewater Bay nach Osten umsäumen weichere Gesteine den Bristolkanal, und die Ufer werden flach; nur hier und da springt ein Ausläufer der Hügelketten von Somerset als kleine, bergige Halbinsel ins Meer vor. Ähnlich ist es auf der Nordseite; die flache, sumpfige Küste von Monmouth muß durch Deiche gegen den Andrang der hier besonders hohen Flut geschützt werden. Die Südküste des eigentlichen Wales ist aber schon wieder größtenteils Steilküste. Sie ist wie die von Devonshire und Cornwall eine sinkende (oder gesunkene) Küste; denn die Flußtäler lassen sich — zwar mit Glazialschutt erfüllt — weit ins Meer hinaus verfolgen*); es gibt hier ertrunkene Längstäler, wie die Bucht, welche die Halbinsel Gower im Norden begrenzt, während andere Buchten die Küstengebirge quer schneiden, wie die Flüsse, die sich in sie ergießen. Ein ertrunkenes Talsystem, und zwar mit niederen Ufern, ist auch Milford Haven in der Halbinsel Pembroke, welche, durch Granitrippen gefestigt, weit nach Südwesten ausgreift. Auffallend auch auf der dürftigsten Karte ist die edle Kurve der Cardiganbucht, dem Muschelornament des Rokoko vergleichbar. Die Küstenlinie folgt hier zunächst ziemlich glatt dem Streichen der wallisischen Gebirge, stößt dann quer auf die Gruppe des Cader Idris und die Berge von Harlech und dringt dort mit drei Buchten in die Täler ein, weicht aber an den Gebirgen der Halbinsel Carnarvon, ihnen parallel, nach Südwesten zurück. An der ganzen Cardiganbucht ist der Steilküste eine unterseeische Felsplatte vorgelagert, der Rest der zerstörten Gebirgsteile. Nördlich von Carnarvon ist die flache Menai Strait eine Talmulde, welche wohl erst nach der Eiszeit überflutet wurde, und Anglesey ist ein niedriges Anhängsel von Wales, wie die kleine Insel Holyhead ein solches von Anglesey. Der berühmte Leuchtturm von Holyhead steht aber auf einem ansehnlichen Felsvorsprunge.

---

*) Vgl. Quart. Journal Geol. Soc. 54. 1898. S. 251.

Die englische Küste der „Irischen See“ bietet das auf den Britischen Inseln so seltene Schauspiel der Flachküste, wenigstens in ihrem größeren, südlichen Teile. Vier große Buchten sind in die Küstenebene eingerissen, die Mündungstrichter der drei Flüsse Dee, Mersey und Ribble und die Morecambe-Bay. Alle vier sind flach, für die Schifffahrt bedenklich — außer der Merseybucht, welche, seewärts eng, immer wieder durch den starken Ebbestrom ausgespült wird —; zur Ebbezeit liegen große Watten bloß. Die Ufer sind teils wirkliches Schwemmland, Alluvium, teils lockere Triasschichten; manchmal findet sich beides dicht nebeneinander, wie bei New Brighton am Mersey, wo man fast mit der einen Hand die anstehenden Klippen des Buntsandsteins, mit der anderen die durch ihre Zerstörung gebildeten Sanddünen greifen kann; echte Dünenketten finden sich nämlich zu beiden Seiten der Merseymündung und sonst auch an dieser Küste. Vorzüglicher Badestrand ist häufig. Eigenartig ist die Küste von Cumberland gestaltet: strahlenförmig treten dort aus dem Innern die Täler und dazwischen die Bergrücken ans Meer; ersteren entspricht Einbuchtung und flacher Strand, letzteren Vorsprung und Steilküste wie in den roten Wänden des triassischen Sandsteins von St. Bees Head. Das englische Ufer des Solway Firth ist wieder ganz flach.

Die englische Nordseeküste vom Tweed zur Themse zeigt trotz vielfacher Abweichungen ein einheitliches Bild: gierig dringt das Meer gegen das Land vor, an der Küstenlinie im großen zwar wenig ändernd, im kleinen aber überall zerstörend, den Steilrand des Landes abbröckelnd, untergrabend, die Trümmer wegspülend. Je nach der Gesteinsformation sind natürlich die Bilder sehr verschieden. In Northumberland, wo Basalt sich an der Küstenbildung beteiligt, haben wir düstere, großartige Szenen, wie das märchenhaft kühne Felsenschloß Bamburgh und die senkrecht zerklüfteten Farne-Inseln mit ihren Vogelschwärmen. In Durham wird die Küste niedriger, aber die Mündungen der Tyne und des Wear sind doch ganz in den Felsen eingenagt. Auffallend bröckelig ist die Steilküste des nördlichen Yorkshire; bemerkenswert sind hier das alte, in einer tiefen Flußmündung ganz versteckte Whitby, die prächtigen Amphitheater von Filey und Scarborough. Der Glanzpunkt der Yorkshireküste ist aber das massige Vorgebirge Flamborough Head mit seinen weißen, 100 m hohen, meilenlangen Kreidewänden, auf deren Simsen Myriaden von Möven nisten. Schon die Angeln hatten auf dieser „Flammenburg“ ein rohes Holzfeuer, jetzt blinkt weiß und rot weithin das Licht des Leuchtturms. Die hakenförmige Bridlingtonbai und die Halbinsel Holderneß sind Schauplätze der ärgsten Zerstörung. Die bis 30 m hohe Außenwand besteht hier aus Geschiebemergel, und ähnlich wie an der pommerschen Küste stürzen jahraus, jahrein ganze Lagen ins Meer, ganze Dörfer verschwinden; 2—5 m dringt die See dort jährlich vor.

Spurn Head (Spurn Point) ist ein niedriger, kahler Sand- und Geröllrücken, eine Nehrung, die an der Spitze einen Leuchtturm trägt. Hier öffnet sich das lange, breite und gewundene Humber-Ästuar, für die moderne Großschiffahrt ein böses Fahrwasser, da die Flut mehr Sinkstoffe hineinspült, als die Ebbe herauswaschen kann (Eigenstrom ist kaum vorhanden); für die dänischen Piraten mit ihren flachgehenden Drachen war dies ein günstiges Einfallstor. Zwischen Humber und Wash ist eine niedere, einförmige Küstenstrecke. Der flache, im Durchschnitt nur 10 m tiefe Washbusen mit seiner Marschumrandung ist der Rest eines größeren Meeresgolfes, der einst den ganzen „Fenbezirk“ einnahm. Durch natürliche und später künstliche Ausfüllung ist ihm seine jetzige Begrenzung angewiesen. In der Mitte führt seewärts eine tiefere Rinne, Lynn Well, ob ein alter Flußlauf, ob ein Erzeugnis des Gezeitenstroms, ist zweifelhaft*). Die Nordostecke des Wash ist bezeichnet durch einige Klippen von Kreidegestein, Hunstanton Point u. a. Zwischen Wash und Themse liegt die auffallende, rundlich, behäbig nach Osten ausgreifende Halbinsel der Ostangeln (Norfolk und Suffolk), welche nicht, wie man nach der Übersichtskarte vermutet, Flachstrand, sondern Steilküste hat. Da sich aber an dem Aufbau nur weichere Schichten (der Kreide, des Tertiärs und des Diluviums) beteiligen, so herrscht Abbröckelung vor; ferner erfaßt der von Norden kommende Küstenstrom das lose Material und es entstehen Nehrungen, Strandseen (die „Norfolk Broads“), abgedämmte Flußmündungen. Die ganz flache Küste von Suffolk ist durch Deiche geschützt, auch längs der vielen Ästuarien.

In der Themsemündung sind zwar die tertiären Bildungen durch unregelmäßige Buchten zerfetzt, in der jetzigen Erdperiode findet aber auch Anschwemmung statt, zu der die Themse selbst allerdings nicht viel beiträgt. Das sonderbarste Landgebilde ist dort die Insel Sheppey, von der der englische Volkswitz sagt, sie

*) Vgl. Whitaker und Jukes, Geol. of the Borders of the Wash 1899.

sei noch nicht ganz fertig. Ein Anschwemmsel der Themse ist sie jedenfalls nicht; sondern an einen festen und höheren Damm von Tertiär hat sich Alluvium des Medway und Seeschlick angesetzt. Tertiär steht auch weiter östlich in Kent an, dann folgt eine mit Jungalluvium ausgefüllte Senke (ein alter Meeresarm) und endlich die landfest gewordene „Insel“ Thanet, zu deren Kreideklippen auch das North Foreland gehört.

Orographische Übersicht*).

Der gemäßigte Charakter, welcher Englands Natur überhaupt eigen ist, zeigt sich auch in seiner Bodengestaltung. Es fehlen sowohl geschlossene Hochgebirge, als große, platte Tiefebenen. Die Gebirge sind von den zerstörenden Kräften stark mitgenommen, aufgelöst in einzelne Berggruppen; anderseits sind auch die Tiefländer meist hügelig, wellig, und ihre Hügel bestehen aus festem, älterem Gestein, nicht aus losen Quartärbildungen wie diejenigen Norddeutschlands. — Die höheren Bergländer finden sich alle im Westen Englands, vor allem in den Halbinseln: so das Hochland Dartmoor in Devonshire mit dem anschließenden Exmoor im Norden und dem Hochland von Cornwall im Südwesten, ferner das Bergland von Wales, dessen zahlreiche Kämme meist von Südwesten nach Nordosten streichen und in welchem sich die Snowdongruppe ganz im Norden bis zu Brockenhöhe erhebt.

Ebenfalls in einer Halbinsel liegt das cumbrische Bergland mit zahlreichen Piks und Seen, in welchem der Scaw Fell der Wasserkuppe in unserer Rhön gleichkommt. Das Penninengebirge dagegen zieht in meridionaler Richtung von der schottischen Grenze bis ins Herz Englands, steigt zwar bis 880 m an, hat aber vorwiegend nur Plateau- und Kuppenbildung mit im allgemeinen flacher Abdachung nach außen, einseitigen Steilabfällen nach innen.

*) Vorzüglich, trotz kleinen Maßstabs (1 : 5 Mill.), die Karte in Lehmanns Atlas f. Oberkl. Ausführlicher ist Bartholomew's Contoured Map (Höhenschichtenkarte) in 1 : 823680 (Preis 1 Mk.). Ein wirkliches Bild der Oberflächengestalt, ebenfalls in farbigen Höhenschichten, gibt freilich erst Bartholomew's Reduced Survey Map in 1 : 126720, von der das Blatt auch nur 1 Mk. kostet (ganz England und Wales 37 Mk.). Die Isohypsentechnik läßt allerdings nach dem Urteile deutscher Fachmänner noch zu wünschen übrig.

Um das Penninische Gebirge zieht sich bogenförmig von der Teesmündung über Derby bis zur Morecambebucht ein mäßig breites Tiefland, ein weites Tal, welches zunächst Vale of York, dann Midland Plain, endlich Ebene von Cheshire und Lancashire heißt. Von der Midland Plain zweigt sich nach Südwesten am Severn entlang eine Senke ab, die teilweise Vale of Berkeley genannt wird. Im Südosten ist dieser ganze lange Talzug begrenzt von den ersten Erhebungen des ostenglischen Hügellandes, welches den Rest des Landes erfüllt und eine ganz charakteristische Anordnung zeigt, welche, einmal erkannt, nicht leicht zu vergessen ist und jetzt auf allen guten Karten hervorgehoben wird: von der Einschnürung Englands in Somerset (zwischen Bristolkanal und Ärmelkanal) anfangend, durchziehen allmählich divergierend plateauähnliche, breite Hügelketten das Land, und zwar so, daß sie den Steilabfall nach Westen kehren; man nennt sie „escarpments“ oder Landschwellen. Die erste, nach ihrer geologischen Zusammensetzung die „Juraschwelle“ genannt, zieht von Bristol über Leicester und Lincoln bis Middlesbrough, die folgende, die „Kreideschwelle“, schwingt sich von Exeter über Salisbury und Cambridge an den Wash, taucht jenseits dieser breiten Lücke wieder auf und durchzieht noch Lincoln- und Yorkshire. Von Salisbury ziehen ferner durch das südöstliche England die North- und South-Downs, die sich gegenseitig ihren Steilabfall zukehren und das wellige Gebiet des Weald einschließen. Zwischen der Jura- und der Kreideschwelle liegt eine Niederung, die sich nach Nordosten verbreitert, um den Wash herum den Charakter ganz flacher Marsch annimmt und dort die „Fens“ genannt wird.

Geologischer Bau *).

Der Gegensatz zwischen dem Westen und dem Osten, welcher sich in der Oberflächengestalt von England und Wales zeigt, findet seine innere Begründung dadurch, daß jene beiden Teile geologisch ganz verschieden gebaut sind. Wir finden nämlich im Westen einer ideellen

*) Eine wohlfeile geologische Karte der gesamten Britischen Inseln in 1:1500000 bieten die einzeln käuflichen Blätter des „Times Atlas“. Mehr enthält die geologische Karte der Britischen Inseln von Geikie und Johnstone in 1:890000 (London 1896) und alles für den Geographen Wünschenswerte enthalten die „Index Maps“ der Geological Survey in 1:253000. Spezialliteratur: die Memoirs of the Geological Survey.

Grenzlinie, welche sich von der Teesmündung bis etwa nach Exeter in flachem Bogen hinzieht, nur ältere Formationen, von den ältesten cambrischen Schichten bis zur Trias einschließlich, genauer gesagt: wir finden mehrere große Schollen paläozoischer Gesteine in stark

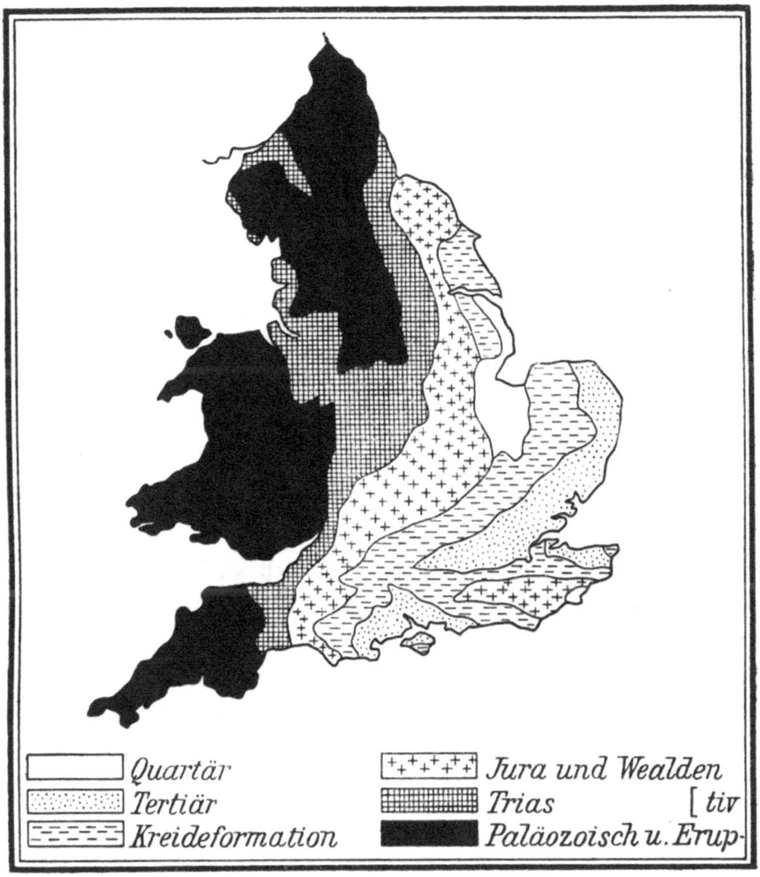

Fig. 1. Geologische Skizze von England und Wales.

gestörter Lagerung und von der Abtragung sehr mitgenommen, verbunden, oder wenn man will, getrennt durch fast horizontal lagernde Triasschichten. Im Osten der genannten Linie dagegen liegen nur jüngere Sedimente vom Lias bis zum Tertiär, und zwar in kaum gestörter, nur ganz schwach nach Südosten geneigter Lage, schuppenförmig über die Trias und übereinandergreifend. Diese jüngeren Schichten bilden die Landschwellen, die Hügelketten des östlichen Englands; jene paläozoischen Schollen sind die Bergländer des Westens, die flachen Triasschichten erscheinen als der dreifach verzweigte mittelenglische Talzug. Das westliche, geologisch ältere England entragt schon länger den Fluten, seit dem Schlusse der permischen Zeit, erfuhr damals seine Hauptfaltung und ist seitdem ununterbrochen den zerstörenden Kräften der Atmosphäre ausgesetzt gewesen; außerdem gingen ganze Schollen zur Tiefe, wir haben also nur Trümmerstücke eines alten Gebirgssystems vor uns. Ein solches ist zunächst die Halbinsel Cornwall und das angrenzende Devonshire, aufgebaut größtenteils aus gefalteten devonischen Schichten, welche von mächtigen Granitstöcken (Dartmoor, Bodmin Moor, Landsend) durchragt und teilweise vom Kohlenkalk überlagert werden; den Ostrand der von der Meeresbrandung lebhaft angegriffenen kornisch-devonischen Restscholle bildet ein Gürtel von Zechstein oder, wie die Engländer (nach dem dolomitischen Gesteinscharakter) sagen: Magnesian Limestone.

Die größere Halbinsel Wales, die alte Cambria und Siluria, hat mit Recht der cambrischen und silurischen Formation den Namen gegeben, denn sie gewährt einen vollständigen Einblick in diese großartige Folge von Schichten, welche hier (meist in dunklen Schiefern und harten Sandsteinen) mächtig entwickelt sind. Sie bildeten einst steil aufgerichtet zu SW—NO streichenden Falten ein alpenmäßiges Gebirge, von dem freilich jetzt nur noch ein niedriges Trümmerfeld vorhanden ist, dessen härtere Rücken und Bänke aber jene alte Richtung noch ebenso deutlich erkennen lassen, wie es die eingelagerten Eruptivgesteine, die Porphyre des Snowdon, des Cader Idris, die schwarmartigen Ergüsse von Pembroke gestatten. Die Flußsysteme dagegen schmiegen sich jener Richtung fast garnicht mehr an. In ihnen hat die Erosion über den inneren Bau triumphiert.

Im Nordwesten, auf Anglesey, hat sie sich schon bis auf die ältesten metamorphischen Schichten durchgefressen und den Gebirgscharakter völlig zerstört, im Südosten von Wales dagegen ist über dem Silur noch die devonische und zum Teil sogar die karbonische (und zwar hier flözführende) Decke erhalten geblieben.

Das dritte und größte paläozoische Gebiet des westlichen Englands bilden die Cheviots, die Penninen und Cumberland. In den Cheviots wie in Cumberland lassen die erodierten paläozoischen Schichten in der Mitte einen Kern von vulkanischem Gestein zu Tage treten, welchem zwar nicht etwa die Aufrichtung des ganzen Erhebungssystems zuzuschreiben ist, der aber diesen Berggruppen größere Formen gibt. Die Penninen endlich sind verschieden sowohl von den beiden Nachbargebieten, denn sie zeigen fast gar keine Eruptivgesteine, als auch von Wales und Devonshire, weil die starke Schichtenknetung und -faltung fehlt.

Die Penninen bilden vielmehr eine flache, von Norden nach Süden streichende und der Länge nach aufgeborstene Antiklinale. Im nördlichen Teile, der Croß Fell-Gruppe, ist gar nur der östliche Flügel der Falte erhalten (Karbon- und Zechsteinschichten), der westliche ist weggesunken; in der entstandenen Senkung, dem heutigen Edentale, liegen Triasschichten, im südlichen Teile wiederum, der Peakgruppe, ist der breite Sattel nur in der Mitte zerstört, wo denn der Kohlenkalk zu Tage tritt, während von Westen wie von Osten die abgebrochenen Schichtköpfe des Kohlensandsteins (Millstone Grit) sich schroff entgegenstarren, um nach den Außenflanken sanft abzufallen.

Durch diese Art der Lagerung bildet der Penninenzug schon einen Übergang zu den Landschwellen des östlichen, jüngeren Englands.

Fast um den ganzen Penninenzug schlingt sich eine hauptsächlich mit Triasschichten erfüllte Mulde, wobei aber zu beachten ist, daß die englische Trias (New Red) nur Buntsandstein („mottled sandstone“ oder „Bunter“) und Keuper (Sandstein- und Tonschichten) enthält, der Muschelkalk aber fehlt. Diese Triasmulde spielt im geologischen Aufbau Englands eine bedeutsame Rolle, sie trennt und sie verbindet. Wir fanden sie schon im Edentale; von dort aus umzieht sie, nur schollenweise erhalten, die gebirgige cumbrische Halbinsel und umgürtet, stark verbreitert und besonders in Cheshire mächtig entwickelt und reich an Salzlagern, die Penninen von Ribble und Mersey an durch das Trenttal bis zur Teesmündung. Von der Mitte Englands aus bei Birmingham, wo einzelne Schollen produktiver Steinkohlenformation sie durchragen, erstreckt sich die Trias aber auch hier am Severn abwärts, den Bristolkanal entlang und erreicht, auch hier nur trümmerhaft erhalten, den englischen Kanal bei Exmouth. Die Trias mit ihren nicht eben harten und ziemlich horizontal gelagerten Schichten, die oberflächlich eine wellige Ebene bilden, trennen sowohl das geologisch ältere England von dem jüngeren, als auch des ersteren einzelne Schollen voneinander. Abgelagert sind die Buntsandstein- und Keuperschichten, wie auch die unter ihnen lagernden Dyasschichten (Magnesian Limestone und Permian Sandstone) in großen, bald süßen, bald salzigen Seen, deren Grenzen annähernd der heutigen Verbreitung der Schichten entsprachen und welche während der großen, am Schluß der paläozoischen Zeit in diesen Erdräumen eingetretenen Festlandsepoche die bereits gehobenen Schollen umspülten. So erklären sich auch die großen Salz- und Gipsablagerungen.

Der Bau des südöstlichen, hügeligen, geologisch jüngeren Englands ist außerordentlich einfach und regelmäßig. Wenn wir es von Nordwesten nach Südosten durchschreiten, so stoßen wir an der Oberfläche nacheinander auf immer jüngere mesozoische und känozoische Formationen, von der Trias bezw. dem Lias bis zum Tertiär. Und zwar sind die Schichten durchweg flach gelagert, zeigen nur ein ganz schwaches Einfallen nach Osten bezw. Südosten; jede jüngere ist dabei der vorhergehenden dachziegel- oder schuppenförmig aufgelagert, und jede härtere Bank zeigt nach Nordwesten eine steile Front, nach Südosten einen flachen Abhang, sodaß sich folgendes (schematisches) Profil ergibt:

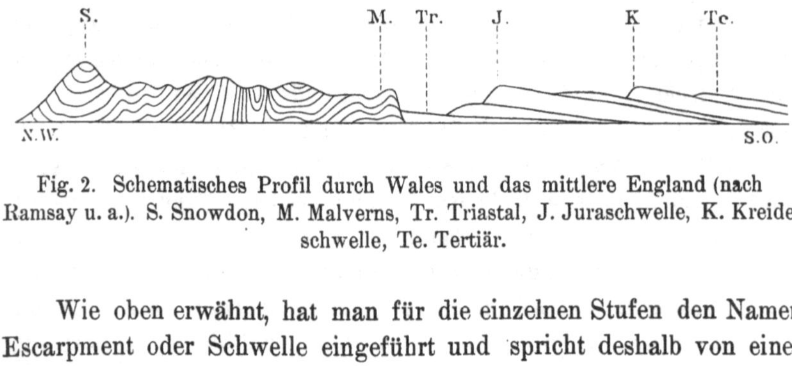

Fig. 2. Schematisches Profil durch Wales und das mittlere England (nach Ramsay u. a.). S. Snowdon, M. Malverns, Tr. Triastal, J. Juraschwelle, K. Kreideschwelle, Te. Tertiär.

Wie oben erwähnt, hat man für die einzelnen Stufen den Namen Escarpment oder Schwelle eingeführt und spricht deshalb von einer Juraschwelle u. s. w.

Im einzelnen ist die Anordnung folgende: Der Lias bildet im engen Anschlusse an die Trias einen flachen oder welligen, schmalen Streifen vorwiegend von Tonboden von der Dorsetküste bis zum Tees. Das östliche Einfallen der Schichten ist sehr schwach, teilweise liegen sie ganz flach. Gelegentlich bilden die Kalke des mittleren Lias eine niedrige Stufe gegen Westen, stets tun dies die sandigen Mergel des oberen Lias. Eine ganz auffallende Steilschwelle bildet der mittlere

Jura, der in England kurzweg „Oolites“ (Rogenstein) genannt wird; er steht nämlich meist in festen, gelben Kalksteinen an, die aus rogenähnlichen Konkretionen bestehen, verbunden durch eine kalkige Grundmasse; besonders schön, typisch ist der Oolit z. B. bei Cheltenham entwickelt, dort Pea-grit genannt (unser Erbsenstein). Das Oolitic Escarpment, die Juraschwelle, beginnt ebenfalls in Dorset und ist am stattlichsten ausgebildet in den Cotswold Hills, weiterhin ist sie flacher und stark zerfurcht, schärfer ausgeprägt wieder in dem schmalen Damme der Lincoln Heights, und taucht weit nördlich des Humber wieder auf in den York Moors.

Die Kreideformation (Cretaceous formation) ist in England in allen ihren Teilen gut ausgebildet; geographisch tritt besonders die weiße Kreide (Chalk) hervor, die von Dorset aus halbmondförmig als deutliches Escarpment quer über Themse und Wash bis Flamborough, Head, mit drei Abzweigungen aber auch nach Wight, bis Beachy Head und bis zur Straße von Dover reicht. Von dem Oolitic Escarpment ist die Kreideschwelle getrennt durch ein Tal mit den weicheren Schichten des obersten Jura (Oxford Clay u. s. w.).

Zwischen den beiden östlichen Ausläufern der Kreide tritt infolge starker Abtragung (s. u.) die ältere Wealdenformation (Hastingssande und Wealdentone) in Surrey, Sussex und Kent zu Tage. Das Tertiär bedeckt mit seinen durchweg weichen Schichten zwei etwa keilförmige Flächen (Mulden): die eine im Osten mit dem Mittelpunkte London — das sogenannte Londoner Becken mit dem zähen Londoner Ton —, die andere im Süden mit Southampton als Zentrum. Beide Flächen hingen einst zusammen, wurden aber durch spätere Aufwölbung der Kreide getrennt. Über die glazialen Ablagerungen vgl. S. 6 u. ff. Umfangreiche Alluvionen finden sich nur am Humber und besonders am Washbusen. — Sowohl die Jura- wie die Kreideschichten reichten einst weiter nach Nordwesten, wenn sie auch kaum je die Penninen oder einen größeren Teil von Wales bedeckt haben werden. Durch Erosion und Denudation haben sie dort im Westen und Nordwesten schon viel Gebiet verloren, und noch beständig weicht die steile Westfront der Landschwellen nach Südosten zurück.

Unter den flach gelagerten mesozoischen Schichten ist übrigens im östlichen England fast überall das paläozoische Grundgebirge stark gefaltet und mit unebener Oberfläche durch Tiefbohrungen erschlossen worden.

Die Ablagerungen der Tertiärmeere haben auch einst einen etwas größeren Teil des südöstlichen Englands bedeckt, wie einzelne Kappen von Pliocängestein auf der Höhe der North-Downs beweisen.

Die (ganz flache) in der Mitte aufgeborstene Antiklinale des Wealdgebietes wiederholt tektonisch in schwächerer Weise die Erscheinungen der Penninen; die Flüsse aber des Weald flossen einst in höherem Niveau den Nord- und Südabhang hinunter, schnitten sich tief in die Kreideschichten ein, und nachdem von diesen nur zwei schmale Dämme an den Rändern stehen geblieben sind, erscheinen ihre Täler als Durchbruchstäler.

Die einzelnen Erhebungsgruppen.

Die westlichen Berglandschaften.

Die Penninen. Mitten durch den schmalen Nordteil von England zieht sich als sein „Rückgrat“ (backbone) dieser Höhenzug, dessen sonderbar finsterer, unfreundlicher Charakter noch kaum recht hervorgehoben worden ist, dem man übrigens trotz seiner tiefen Zerfurchung und seiner Neigung Berggruppen statt geschlossener Kämme zu bilden, den Namen eines Gebirges nicht wohl absprechen kann. (Die Engländer sagen öfter Pennine Mountains als Pennine Hills, aber auch Hill braucht ja nicht gerade Hügel zu bedeuten; gewöhnlich findet man Pennine Chain oder Pennine Range.)

Der Name Penninen enthält jedenfalls das keltische pen = Berg, welches auch in dem Zuge selbst für Einzelberge vorkommt. Im Norden beginnen die Penninen an der Senke zwischen Carlisle und Newcastle, durch welche der Roman Wall führt. Diese Senke, eine geologische Mulde, trennt die Penninen völlig von den Cheviots: die Wasserscheide zwischen Irthing und South Tyne liegt nur 120 m hoch und wird von Römerwall, Landstraße und Eisenbahn mühelos überschritten.

Das nördliche Drittel des Zuges, die Gruppe des Croß Fell (870 m), reicht im Süden etwa bis zum Tale des Greta, im Westen wird sie der ganzen Länge nach vom Edentale begrenzt. Die Kalksteinbänke, aus denen diese Berge aufgebaut sind, senken sich sachte nach Osten; im Westen über dem Edentale liegen sie am höchsten, brechen aber dort steil ab. Die höchsten Gipfel, auch Croß Fell, liegen deshalb ganz dicht über dem Boden des Edentales und bilden dort eine geschlossene Wand, während nach Osten lauter einzelne parallele Rücken verlaufen, zwischen denen sich breite Täler: Weardale, Teesdale u. a. erstrecken.

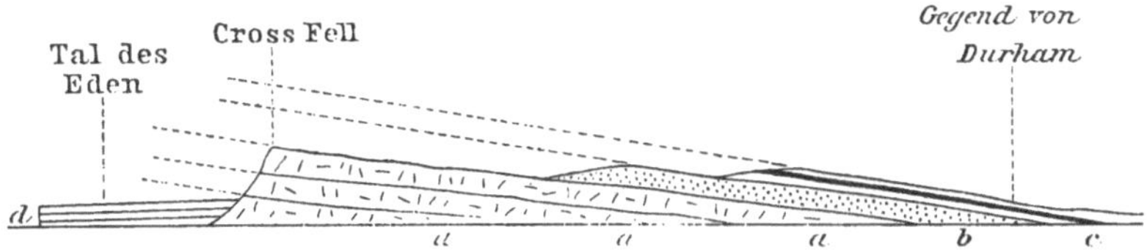

Fig. 3. Schematisches Profil durch die nördlichen Penninen (ein einseitig abgesunkenes Gewölbe). a Kohlenkalk, b Kohlensandstein, c produktive Steinkohlenformation, d Trias.

Der landschaftliche Charakter dieses Gebirgsabschnittes ist typisch für die gesamten Penninen: die Höhen sind ganz kahl, mit Moor und Heide, Moos und Heidelbeerbüschen bedeckt; zahlreiche umherliegende Felstrümmer vermehren den öden, unwirtlichen Eindruck. Die Gesamterhebung bleibt unter 1000 m, die Bergformen sind massig, stumpf, abgerundet; von oben sieht man nur eine wellige Hochfläche, in welcher dunkle und matte Farbentöne durchaus vorherrschen.

Siedelungen fehlen fast ganz; die zahlreichen Schafe werden durch endlose, rohe, schwärzliche Steinmauern in Schranken gehalten. Einige flache Seetümpel (tarns) auf den breiten Rücken und Kuppen sind wohl auch der Vertorfung geweiht, zum Teil ihr schon erlegen. Zahlreiche künstliche Seen haben sich aber die unfernen Fabrikstädte durch Talsperren geschaffen.

Einen anderen Charakter tragen nur die Haupttäler (dales), welche sich quer zur Längsachse des Gebirges, aber einander fast parallel, südöstlich nach Durham und Yorkshire hinein erstrecken; es sind breite, sehr alte Erosionstäler, Werke der Flüßchen, welche munter sie durchrauschen, manchmal über eine Bank des fast wagerechten Kalksteins in steilem Wasserfall (force, skand. foss) hinabspringend. Ihre Abhänge sind oft mit lichtem Walde bestanden, der Talgrund bietet Wiesen und Äcker; hier und da ragt eine Burgruine aus der Zeit der Rosenkriege oder der Kavaliere und Puritaner oder ein altes zerfallenes Kloster. Die Bergrippen zwischen den „dales“ sind aber ebenfalls öde und moorig.

Die mittlere Abteilung der Penninen bis zu der ganz niedrigen

Wasserscheide zwischen Ribble und Aire, die Baugh Fell-Whernside-Gruppe (Baugh Fell 670 m, Great Whernside 690 m, Pen y Gent 680 m), ist weder in ihrem inneren Bau — sie besteht aus Kohlenkalk und Kohlensandstein (Millstone Grit) — noch in ihrem landschaftlichen Charakter wesentlich verschieden von dem nördlichen Teile; aber diese Gruppe entsendet auch nach Westen einen hohen und breiten Ausläufer (Bowland Forest zwischen Lune und Ribble); freilich bleiben die östlichen Querrippen und Täler doch die längeren, und die Wasserscheide bleibt näher dem westlichen Rande des Berglandes. — Der südliche und größte Abschnitt der Penninen beginnt südlich der Senke zwischen Aire und Ribble in ziemlicher Breite, schrumpft aber gelegentlich (wie zwischen Oldham und Huddersfield) zu einem schmalen, nur 20 km breiten Damme zusammen. Geologisch weicht er von den beiden nördlichen Teilen wesentlich ab; denn an beiden Seiten treten nun auch die oberen, produktiven Schichten der Kohlenformation auf, aber nur als äußere Bedeckung eines aufgebrochenen flachen Gewölbes; nach der Mitte zu tritt unter ihnen ebenfalls auf beiden Seiten ein schmales Band des groben flözleeren Sandsteins schroff ausgehend zu Tage, in der Mitte endlich ist ein breites, bergiges Gebiet des Kohlenkalks mit gelegentlichen Kappen von Sandstein entblößt.

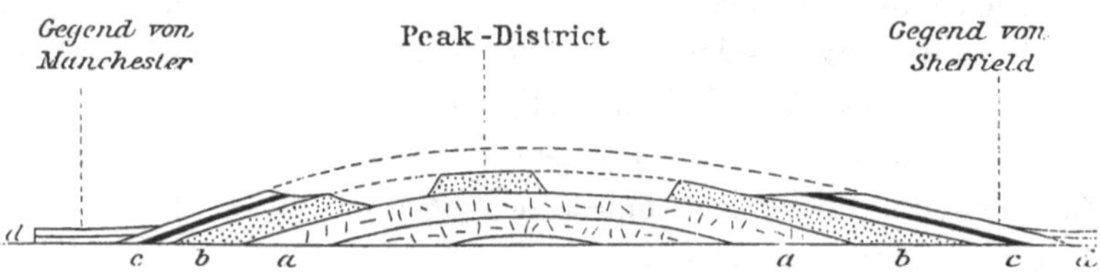

Fig. 4. Schematisches Profil durch die südlichen Penninen (ein in der Mitte aufgebrochenes Gewölbe). a Kohlenkalk, b Kohlensandstein, c produktive Steinkohlenformation, d Trias.

Das (schon S. 39 erwähnte) Escarpment des Sandsteins ist übrigens nur auf der Ostseite orographisch klar ausgebildet; Derwent Edge, Stanage Edge, East Moor gehören dazu. Die Gruppe höchster Erhebung in den südlichen Penninen bezeichnen die Engländer als Peak-District*). Von spitzen Piks ist da nicht die Rede, es handelt

*) Vgl. Ausdrücke wie Lake-District und Fen-District.

sich um ein massiges, zerfurchtes Plateau mit kahlen Flanken, oben ein Moorland von geradezu abstoßender Häßlichkeit. Der nackte Sandstein tritt hier und da in Klippen und Felstoren zu Tage, das Ganze ist eine Wüste und dabei nur wenige Stunden entfernt von Manchester wie Sheffield! Die höchste Kuppe heißt Kinder Scout (620 m). — Die produktive Steinkohlenformation im Osten und Westen bildet ein charakterloses, von der Industrie sehr entstelltes Hügelland, allein südlich vom Peakdistrikte entfaltet der Bergkalk (mountain limestone) die landschaftlichen Reize vieler anderer Kalkgebirge; hier, in den grünen, bewaldeten Tälern von Derbyshire, an Wye, Dove, Derwent finden wir Höhlenbildung und enge, kühle Schluchten (bei Castleton), seltsam kühne Felsbildungen (Pickering Tor in Dovedale), Mineralquellen (Buxton, Matlock); dazu Burgruinen (Peveril Castle) und neuere Herrensitze (Chatsworth, Haddon Hall) mit prächtigen Parks. Kurz, die Penninen, welche sich fächerförmig nach Süden ausbreiten, dann plötzlich abbrechen, erinnern hier einigermaßen an die Freundlichkeit der deutschen Mittelgebirge. Ob der nördliche Teil, ob der ganze Zug früher bewaldet war, kann hier nicht entschieden werden; eine wirkliche Grenzscheide hätten die Penninen wohl auch dann nicht gebildet, weil sie zu wegsam sind; jetzt durchqueren sie ein halbes Dutzend Eisenbahnen und sogar mehrere Kanäle. Jedenfalls aber wäre hier ein dankbares Feld für zukünftige englische Forstleute.

Das cumbrische Bergland und seine Seen*). Die cumbrische Berggruppe liegt in den Grafschaften Cumberland, Westmoreland, Nord-Lancashire; von den Penninen durch die Eden-Lune-Senkung geschieden, auf drei Seiten vom Meere umgeben, nimmt sie eine ziemlich selbständige Stellung ein. Auf jeder guten Karte zeigt sich die strahlenförmige Anordnung der Täler mit ihren langgestreckten Seen, und dem Mittelpunkte dieses Strahlensystems liegen auch die höchsten Berge nahe, während nach den Rändern die Ketten sich allmählich senken. Das Ganze bildete einst einen sehr flach gewölbten Schild oder eine Kuppel mit einem Kerne aus verschiedenen vulkanischen Gesteinen, welche jetzt in der Mitte entblößt,

*) Literatur: Mill, The English Lakes. 1895 (zusammengestellt aus Aufsätzen im Geogr. Journ.). Marr, The Tarns of Lakeland. Quart. Journ. Geol. Soc. Bd. 51 und 52. Marr, The Waterways of Engl. Lakeland. Geogr. Journ. Bd. 7.

an den Rändern aber noch von (paläozoischen) Sedimenten bedeckt sind. Die Erosion hat hier mächtig gearbeitet und tut es bei den gerade in dieser Gegend so bedeutenden Niederschlägen noch heute; sie hat die ganze Masse zerfurcht, erniedrigt, in mehrere Berggruppen aufgelöst. Von Süden nach Norden zieht ein Haupttal hindurch, welchem u. a. die Seen Windermere und Thirlmere angehören. Westlich von diesem Tale liegt die durch den Anprall der Westwinde besonders reich gegliederte Sca Fell-Gruppe (Sca Fell Pike 960 m), östlich aber der halbmondförmige Zug des Helvellyn (940 m); dem großen Längstale quer vorgelagert ist dann im Norden noch die kleinere, rundlich begrenzte Skiddawgruppe (Skiddaw 915 m).

Landschaftlich bilden die cumbrischen Berge die Krone Englands. Die (relativen) Höhen der Berge sind bedeutend, ihre Formen wahrhaft alpin, die höheren Gipfel schroffe, kahle Felshäupter, nur die Schneegipfel im Hintergrunde fehlen zur Alpenlandschaft. Fährt man an einem sonnigen Tage über Lake Windermere nach Norden, so gewährt das rötlichgraue Gestein der kulissenartig sich verschiebenden Bergwände im Verein mit dem Grün der Täler, dem blauen Himmel und dem glitzernden See ein herrliches Bild. Daß die Dichter der Seeschule (Wordsworth, Coleridge) diesem Erdwinkel zugetan waren, ist wohl verständlich.

Die Seen zerfallen in die größeren Lakes und die kleineren Tarns. Die letzteren sind kleine, meist rundliche Tümpel, ganz einsam im oberen und obersten Teile von Tälern gelegen. Sie wurden früher für echte Felsbecken gehalten, sind aber nach Marrs und Brockbanks*) Untersuchungen fast alle durch glaziale Abdämmung gebildet. Das alte Tal, in dessen oberstem Teile sie liegen, wurde durch Schuttmassen abgedämmt; ein See entstand; dann aber nagte sich der Abfluß des Sees ein neues Tal durch die abdämmende Masse hindurch und oft bis in den gewachsenen Fels hinein. Manche Tarns sind ganz abgeflossen und haben nur ein rundliches Torfmoor hinterlassen.

Unter den eigentlichen Lakes sind die größten der liebliche Windermere (17 km lang) und der düstere Ullswater. An allen arbeitet die Deltabildung seitens einmündender Bäche („becks"); zuweilen ist durch sie ein langer See in zwei kleinere zerteilt (ähnlich

*) Proc. Manch. Lit. Soc. Bd. 9. 1894.

S. 46.

Aus dem Seebezirk. Die Langdale Pikes und Umgebung.

wie der Brienzer und Thuner See); solche Paare sind Derwent Water und Bassenthwaite Lake, Buttermere und Crummock Water.

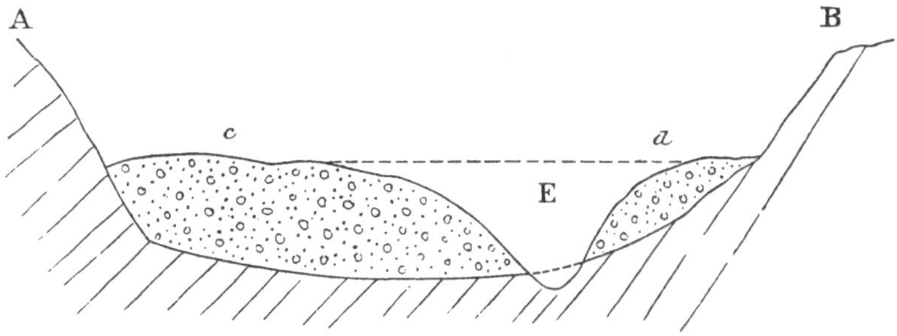

Fig. 5. Profil durch den Staudamm eines Sees (nach Marr). A B altes Tal im anstehenden Fels, c d Staudamm aus lockerem Material, E neues Tal (jetziger Abfluß des Sees).

Die Entstehung der Lakes bietet der Erklärung mehr Schwierigkeiten, als die der Tarns. Tatsächlich sind die Seen lange Becken, Tröge, die das regelmäßige Gefälle des Talbodens unterbrechen, wenn auch die Austiefung nicht bedeutend ist — die größte Tiefe (im Wastwater) beträgt 40 m. Die Böschung ist am steilsten, die Tiefe am größten, wo auch die einschließenden Bergwände hoch und steil sind.

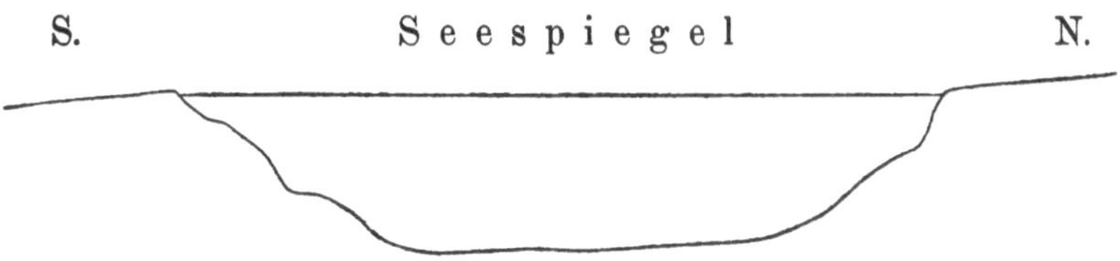

Fig. 6. Längsprofil durch Lake Wastwater (nach Mill). Der Tiefenmaßstab ist 10fach übertrieben. Daß das Gefälle des Seebodens dem allgemeinen Gefälle des Tales folgt, ist nicht immer der Fall.

Früher schrieb man die Austiefung solcher Becken der erodierenden Kraft der Gletscher zu; diese kann aber nicht als nachgewiesen gelten; oder man nahm kurzerhand Senkung an, womit man schließlich alles erklären kann. Die Ergebnisse der neusten Forschungen, besonders der englischen, lassen sich etwa in folgender Weise zusammenfassen: Daß die Seen ertrunkene Talstrecken sind, ist klar. Woher nun erstens die Aufstauung des Wassers? Sie ist das Werk eines Moränenwalls oder eines Deltaschuttkegels unterhalb des jetzigen Sees. Diesen „Sperrdamm“ denke man sich ganz flach, oft kaum auffällig. Nachgewiesen ist er in zahlreichen Fällen, bei „lakes“ wie bei „tarns“, und ein grundsätzlicher Unterschied zwischen beiden ist überhaupt nicht zu machen. — Woher aber zweitens die vertieften Tröge? Man kann sich denken, daß in dem Stausee außerhalb des Bereichs gewisser Schuttkegel das alte Erosionstal konserviert wurde, weiter unterhalb aber das Profil des offenliegenden Tales durch seitliche Zufuhr und verringerte Abfuhr verflachte; dann wird man den ohnehin geringen Niveauunterschied zwischen dem Seeboden und dem übrigen Talboden nicht mehr so auffallend finden. Und wenn unsere sehr erfahrenen und vorsichtigen Glazialgeologen wie Wahnschaffe u. a. die Bildung vieler, tiefer Seen und Rinnen in unseren Diluvialgebieten durch „Auskolkung“, „Ausstrudelung“ vermittelst der vom stationären oder zurückgehenden Eisrande herabstürzenden Schmelzwässer erklären, so darf man diese Anschauung auch wohl auf gebirgige Gegenden mit festerem Boden proportional übertragen; dann verliert die streckenweise Vertiefung der Talböden noch mehr von ihrem auffallenden Charakter.

Die Cheviots. Dieses rauhe Bergland bildet die Grenze zwischen England (Northumberland) und Schottland.

In ihrem geologischen Bau haben die Cheviots am meisten Ähnlichkeit mit Cumberland, insofern auch hier ein Kern von mancherlei vulkanischen Gesteinen inmitten eines Mantels von paläozoischen Sedimenten entblößt ist. Großen Einfluß auf die heutige orographische Form hat diese geologische Zusammensetzung aber nicht; denn der Verlauf der zahlreichen Kämme und Hügelgruppen läßt kaum ein bestimmtes Gesetz erkennen. Nur auf dem südlich vorgelagerten, zur Tyne absteigenden Plateau zeigen die vielfach aufragenden Schichtköpfe des Kohlenkalks die SW—NO-Richtung.

Diese Bodengestaltung benutzten die Römer bei Erbauung des Hadrianswalles („Roman Wall“ zwischen Carlisle und Newcastle), indem sie die nach Norden steil abgebrochenen Klippen („Crags“) mit Schanzen krönten, deren Rückseite dann auf die sanft absteigende Schichtfläche hinausging.

Die Höhen und Formen der Cheviots sind nicht bedeutend; die höchste Erhebung, The Cheviot, zugleich der östliche Eckpfeiler des ganzen Zuges (790 m), ist allerdings von der Nordsee aus sichtbar und eine gute Landmarke für die Schiffe. Landschaftlich ähneln diese kahlen, mit Heide, Torfmoor oder Schafweide bedeckten Höhen den übrigen englischen und schottischen Mittelgebirgen. Im trockenen, windgeschützten Osten reichen auch Kornfelder ziemlich weit hinauf.

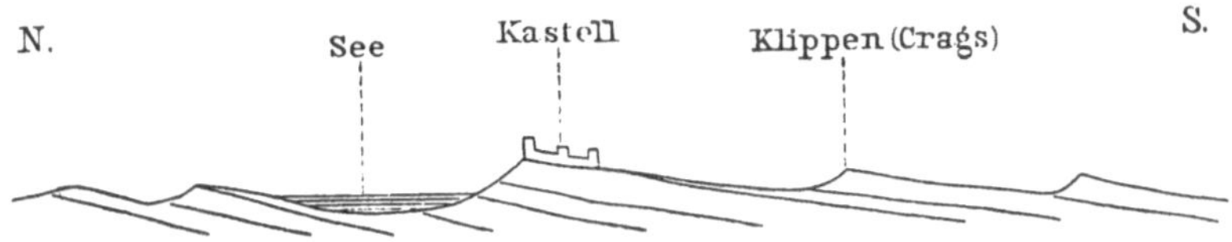

Fig. 7. Querprofil durch einen Teil des Römerwalles zwischen Carlisle und Newcastle in der Gegend der Northumberland Lakes. (Nach der Natur und der Ordnance Survey-Karte).

Das Bergland von Wales. Dies ist der Hauptteil des geologisch älteren Westenglands. Zusammengesetzt hauptsächlich aus den dunklen Schiefern und derben Sandsteinen der cambrischen und silurischen Formation, welche nur im Südosten von jüngeren Schichten (meist Devon und Karbon) überlagert, im Nordwesten häufig von Eruptivstöcken durchbrochen sind, in der Mitte des Landes aber sich massig und einförmig entfalten, entragt es schon seit Schluß der paläozoischen Zeit den Fluten. Seit dieser Zeit also schon haben die Kräfte der Verwitterung und das fließende Wasser an der Abtragung der einst steil aufgerichteten, hoch emporgepreßten Schichten gearbeitet, sodaß der ursprüngliche Gebirgsbau ganz verwischt ist. Während nämlich anfänglich lauter hohe, lange, parallele Ketten (Falten) da waren, sind diese jetzt von den Flüssen und Bächen ganz zerschnitten und erniedrigt; nur die härtesten Schichten, besonders auch die Granite, ragen als höhere Berggruppen hervor. Tiefe und breite Täler durchziehen das Land und die Pässe sind bequeme Durchgänge. Begünstigt durch die Entwaldung der Berge, schreitet die Erosion auch heute noch heftig fort, wofür folgende Notiz statt vieler angeführt sei: als Rawlinson 1846 die Gegend von Bala bereiste, ging auf den Berwyn Mountains ein starkes Gewitter nieder; der Regen spülte Tausende von Tonnen an Kies und Steinen herunter, schuf neue Wasserrisse und häufte den Schutt im Dorfe Corwen bis an die Dächer der Häuser und der Kirche; feste Brücken wurden einfach weggerissen. Bei solchen Gelegenheiten, meint Rawlinson, führen die Bäche 300—600 mal soviel Wasser als sonst*). Auffallend sind auch die vielen Erosionszirken (corries), welche oft für vulkanische Krater gehalten wurden.

Landschaftlich trägt Wales einen ernsten, düsteren Charakter. Die Berge sind kahle Felsen mit Schutthalden am Fuße, oben mit Heide oder auch mit Moor bedeckt, die Täler sind einsam und nur durch den Wasserreichtum einigermaßen belebt. Der einzige größere See ist freilich Bala Lake**) im Nordwesten; dazu trat der künstliche Lake Vyrnwy (durch eine Talsperre gebildet, um für Liverpool Trinkwasser zu liefern). Hübsch sind die kleinen Seen von Llanberis am Nordabhange des Snowdon***).

Die einzelnen wallisischen Berggruppen lassen noch öfter die alte „niederländische“ Streichrichtung erkennen, welche freilich im Südosten des Landes von einer westnordwest-ostsüdöstlichen abgelöst wird, welche naeh den gleichlaufenden Bergzügen von Devon und Somerset hinüberweist (s. S. 53). Die Snowdongruppe im Norden zeigt die schroffsten Formen, viele kahle Felswände. Hier ist die höchste Erhebung von England und Wales, der mehrgipflige Snowdon (1070 m) mit umfassender Aussicht, die im Westen bis Irland reicht. Porphyre sind stark an seinem Aufbau beteiligt. Bei einem Vergleiche mit dem doch etwas höheren Brocken siegt der Walliser durch kühnere Umrisse und die Nähe des Meeres. Weiter südlich folgt, durch tiefe, parallele Täler abgesondert, die Gruppe der Arenigs, aus cambrischen Schichten bestehend, welche bei Harlech Castle stolz zur Küstenebene abfallen.

Im Süden des großen Längstales, in welchem der Balasee liegt und der Dee fließt, folgt eine wohlausgeprägte Kette in der Hauptrichtung: Cader Idris (930 m hoch, schroff, porphyrisch), Aran Mowddry (ähnlich geformt) und die Berwyn Mountains (breiter und niedriger). Parallel der Küste der Cardiganbucht läuft ein langer, von Flüssen oft quer durchschnittener Zug, dessen südlichste Abteilung Mynydd†) Preseley,

*) Vgl. noch Dakyns: Modern Denudation in North Wales. Geol. Mag. 1900.

**) Vgl. Lake im Geol. Mag. 1900.

***) Vgl. Marr u. Adie: The Lakes of Snowdon. Geol. Mag. 1897. Dakyns: Some Snowdon Tarns. Geol. Mag. 1900. Watts: Tarns near Snowdon. Geol. Mag. 1895.

†) kelt = Berg.

S. 50.

Aus dem Berglande von Wales. Der Paß von Llanberis.

dessen nördlichste Plynlimmon heißt; am Plynlimmon entspringen Severn und Wye. Weiter landeinwärts folgen zwei parallele Züge, Mynydd Epynt und Radnor Forest. Diese ganz waldlosen Berge erfüllen das mittlere Wales. Gehen wir der Südküste zu, so finden wir die oben erwähnte ostsüdöstliche Richtung ausgeprägt schon in den Hügeln der Halbinseln Pembroke und Gower, besonders aber in den massigen Black Mountains und ihrer Fortsetzung, den devonischen Beacons of Brecknock, 870 m, die nach Norden geschlossen sind, nach Süden aber viele Querriegel aussenden. Ganz ähnlich gebaut sind die südlich vorgelagerten kohlenreichen Berge von Merthyr Tydvil, und auch im Osten erhebt sich wieder ein solches bandartiges Gebilde, das ebenfalls den für diese moorigen Höhen bezeichnenden Namen Black Mountains führt.

Das Bergland von Shropshire hängt zwar geologisch mit Wales zusammen, von dem es einen nordöstlichen Ausläufer bildet, rings umschlossen vom Severn und seinem Nebenfluß Teme; allein es ist landschaftlich offener und freundlicher; und orographisch hat es auch eine gewisse Selbständigkeit, denn nirgends herrscht in Wales die niederländische Streichrichtung auf engem Raume so entschieden vor, wie in dieser englischen Grafschaft. Wir durchqueren da — von Nordwesten nach Südosten fortschreitend — eine ganze Reihe (8—10) streng paralleler Rücken von 300—600 m Höhe, zwischen denen wohlangebaute Talmulden sich ausbreiten. Die Namen der wichtigsten sind: Long Mountains, Stiper Stones, Long Mynd, Caradoc Hill, Wenlock Edge, Brown Clee Hill, Clee Hill. Jene SW—NO-Richtung ist der alte Faltenwurf; im übrigen lassen sich aber an diesen vornehmlich aus silurischen Schiefern, Kalken und Sandsteinen aufgebauten Bergzügen die Wirkungen der abtragenden Kräfte wie an Modellen studieren. Am leichtesten ist dies bei Wenlock Edge, dem längsten Rücken, der durch Bäche in ein Dutzend geradlinig aneinander gereihte stumpfe Kuppen zerschnitten ist. Wald fehlt dem Berglande von Shropshire fast ganz, Äcker und Weiden herrschen vor. Wo aber in der Verlängerung der Caradoc Hills die alten Gesteine jenseits des Severn noch einmal auftauchen und im Wrekin (400 m) ein weithin sichtbares Wahrzeichen für das westliche Mittelland bilden, sind sie mit schönem Walde überkleidet.

Die Malvern Hills*). Auf der Grenzscheide der üppigen Tal-

*) Vgl. Groom: The Geol. Structure of the M. Hills. Qu. J. Geol. Soc. Bd. 56.

fluren von Worcester und des freundlichen Hügellands von Hereford erhebt sich in nordsüdlicher Richtung verlaufend dieser kleine, sehr selbständige Zug, den die englischen Geographen gern als die anmutigste ihrer Bergketten bezeichnen und der auch bei Dichtern wie Goldsmith u. a. Verehrer gefunden hat.

Die Malverns sind 13 km lang, bis 420 m hoch, fallen nach Osten, zum Severntale steil, nach Westen sanft ab und sind von hübschen Ortschaften, Parks und Waldungen umgeben, während die Höhen selbst allerdings kahl sind. Ihr geologischer Bau ist folgender: Unter den devonischen Schichten, welche das südöstliche Wales und die angrenzenden englischen Grafschaften bedecken, treten hier die silurischen und archäischen noch einmal hervor, zugleich als abgebrochener und aufgebogener Steilrand der ganzen westlichen paläozoischen Scholle; daher denn der steilere Abhang gegen Osten. Die auffallende, meridionale Streichrichtung ist auch nur eine Folge des Abbruches.

Der Forest of Dean, zwischen Wye und Severn, liegt ebenfalls am Rande des westlichen Berglands, ist aber in seinem geologischen Bau den Malverns entgegengesetzt, denn hier liegen über den devonischen Schichten noch solche der Kohlenformation. Orographisch tritt die ganze breite Masse nicht sehr hervor, wohl aber landschaftlich, denn dieser „Forest" ist wirklich ein Waldgebiet, und seine Täler sind anmutig, besonders das der Wye.

Dartmoor (Forest) liegt ganz im südlichen Devonshire und ist eine große, sanft gewölbte Granitmasse mit einem kümmerlichen Überzuge von Calluna, Erica, Moos, Heidelbeeren und Binsen, durch welchen an vielen Stellen zerbröckelte Granitkuppen hindurchragen, hier „Tors" genannt, zum Teil seltsam gestaltet und von Sagen umgeben. Die höchste derartige Kuppe, High Willhays (610 m), liegt im Norden des ganzen Massivs. Der Name Dartmoor „Forest" trifft längst nicht mehr zu; nur verkrüppelte Eichendickichte sind noch vorhanden. Eher träfe der Name Hochmoor zu, und als solches speichert Dartmoor Forest schwammartig die Niederschläge auf und gibt vielen Flüssen Ursprung: Teign, Dart, Plym, Tavy; diese bilden in ihrem Unterlaufe hübsche, fruchtbare Täler, in starkem Gegensatze zu den öden Hochflächen, deren Durchwanderung im Winter und bei nebligem Wetter geradezu gefährlich ist.

Das Bergland von Cornwallis ist eine Fortsetzung des Dartmoorplateaus und ihm im Charakter ähnlich. Es sind hügelige Heiden, deren höchste Teile aus Granit bestehen und mit Granitblöcken besät sind, die manchmal von Menschenhand zu primitiven Altären umgestaltet wurden. Zahlreiche gefährliche Moore sind vorhanden. Der höchste Punkt ist Brown Willy im Bodmin Moor (410 m).

Von dem hier überall nahen Meere her erstrecken sich Buchten und tiefe Täler ins Land, und oft erfüllen die Stürme die Luft mit feinem Schaum und Salzstaub.

Exmoor und seine östlichen Ausläufer, die Brendon Hills, bestehen zwar im Unterschiede von dem granitischen Dartmoor aus Gesteinen der Devonformation, sind aber ebenso kahle, waldlose Hochflächen wie jenes. Die Nordseite fällt steil und zuletzt felsig ab zum Bristolkanal, die Täler der Südseite senken sich langsam. Exmoor ist ein berühmtes Jagdrevier; Hirsche und halbwilde Ponies tummeln sich auf den Heiden.

Die Bergzüge von Somerset. Durch ein mit weicheren Schichten erfülltes Tal von den Brendon Hills getrennt, erheben sich als eine kleine, wohlabgesonderte Gebirgsinsel die Quantock Hills, ebenfalls aus hartem, devonischem Gestein bestehend und entschieden „hercynisch" (NW—SO) streichend; die rundlichen Kuppen sind kahl, die Täler (combes) der Nordostseite aber bewaldet.

Jenseits des breiten Tales von Bridgewater folgt ein paralleler, aber niedrigerer Zug, „Polden Hills" genannt, und noch weiter nördlich wieder ein höherer, die Mendip Hills, geologisch interessant, weil um einen gefalteten Kern von Kohlenkalk sich mantelförmig jüngere, triassische Schichten lagern, welche sich durch ihre Gesteinsbeschaffenheit als Strandbildungen verraten, sodaß die Mendiphügel wahrscheinlich als Inselreihe aus dem großen Triassalzsee aufragten. An der Oberfläche sind die Mendips kahl, steinig, oben abgeplattet.

Die bescheidenen Hügelketten von Somerset sind tektonisch wichtig, denn einerseits streichen sie genau in der Verlängerung der südwallisischen Gebirge*), anderseits verraten sie uns deutlich noch einmal den Bau der westenglischen, paläozoischen Schichten, welche weiter östlich unter der einförmigen Decke der jüngeren Formationen verschwinden.

---

*) Das im Bristolkanal genau in der westlichen Verlängerung der Mendips gelegene Inselchen Steep Holme besteht wie diese aus Kohlenkalk und stellt die Verbindung mit Südwales her.

Die Hügelketten (Landschwellen) von Ostengland.

Der englische Jura. Er ist, wenigstens in seinem südwestlichen Teile, dem schwäbischen Jura nicht unähnlich: eine hügelige Platte mit einseitigem Steilabfall nach Nordwesten, vor der Front einzelne Pfeiler als Zeugen einst weiterer Ausdehnung. Stattlich beginnt er in dieser Form und unter dem Namen „Cotswold Hills“ im östlichen Gloucestershire; die Höhe beträgt bis 340 m (Cleeve Cloud); das Gestein ist der uns bekannte Oolith, die Hochfläche selbst mit ihrem Kalkboden ist, besonders in trockenen Sommern, wasserarm, die Täler aber sind quellenreich: die Themse entspringt hier.

Staffelförmig nach Osten zurücktretend und zugleich immer niedriger werdend löst nun ein Hügelzug den anderen ab; vor der steileren Nordwestfront bleibt ein hügeliges Gelände, vom unteren Jura (Lias) gebildet. Allmählich in Northampton und Leicester, wird das Bild des „Escarpments“ in der Natur und auf der orographischen Karte immer undeutlicher, nur auf der geologischen Karte bleibt es klar. Erst in Lincolnshire drängt sich der Jura wieder in einen einzigen schmalen Damm zusammen, dessen Stirnseite nun gegen Westen gerichtet ist; dies sind die Lincoln Uplands (Lincoln Heights oder „The Cliff“), zu vergleichen dem ebenfalls jurassischen Wiehengebirge an der Weser. Gleich seinem norddeutschen Gegenstück ist auch dieser Jurawall mehrfach von Flüssen durchschnitten, z. B. vom Witham bei Lincoln; mit flachen Ausläufern tritt er an den Humberbusen, gerade wo dieser den Trent aufnimmt. Jenseits des Humber zeigt zunächst nur die geologische Karte ein schmales Band von Juragestein, plötzlich aber tritt die Formation wieder breit und mächtig hervor in den

York Moors*) zwischen Derwent und Tees. Die York Moors sind ein hügeliges Heideland, meist ganz einsam, nur als Schafweide dienend, jedoch unterbrochen von tiefen, malerischen Tälern, an deren Ausgängen nach der Nordsee saubere Fischerhäfen liegen; die meisten Täler öffnen sich allerdings landeinwärts, zur Derwentniederung. Der höchste Teil liegt auch hier noch im Westen, die Hambleton Hills (375 m); der nördliche eisenreiche Bezirk heißt Cleveland Hills.

Die Kreidehügel Englands. Die westlichste Scholle der Kreideformation liegt schon südwestlich von Exeter auf dem Haldonhügel.

---

*) Mit „Moors“ bezeichnet man meist hohes Heideland.

Die eigentliche Kreideschwelle beginnt aber erst weiter östlich mit den Blackdown Hills im Nordosten von Devonshire; doch sind an deren Aufbau wie auch an dem ihrer östlichen Fortsetzung, der Dorset Heights (Dorset Hills) immerhin noch andere Formationen beteiligt; zur vollen Ausprägung ihres Charakters gelangt die Kreide erst in der nördlich sich anschließenden Hochfläche Salisbury Plain. Dieses wellige Plateau ist ganz kahl und baumlos, nur mit einer dünnen Grasnarbe bedeckt, welche zahlreichen Schafen Weide gewährt. Vereinzelte Hünengräber und die imposante Steingruppe Stonehenge gewähren dem Auge Ruhepunkte. Der nördliche Abhang ist kurz und steil; nach Süden senkt sich die Hochebene kaum merklich, entsendet aber nach dieser Seite den Salisbury Avon mit seinen zahlreichen Nebenbächen, die ein wohlverzweigtes System bilden und deren Täler hübsch angebaut sind. — Von Salisbury Plain zieht nach Nordosten das eigentliche Kreideescarpment, dessen Bau dem von Salisbury Plain ähnlich ist, nur daß hier eine schmälere Hügelkette auftritt. Zunächst, bis zum Themsedurchbruch, heißt der Zug Marlborough Downs*), ist landschaftlich ziemlich kahl, aber voller britischer, römischer und sächsischer Überreste. Dazu gehört auch an der Nordabdachung der White Horse Hill, an dessen Abhange Alfred der Große nach seinem Siege bei Ethandun die Figur eines riesigen weißen Rosses dergestalt eingraben ließ, daß nach Beseitigung der dünnen Grasnarbe die weiße Kreide bloßlag. Es war leicht, die Figur auf diese Weise immer wieder zu erneuern, und der Fahrgast der Großen Westbahn kann sich noch heute an ihr erfreuen. — Jenseits des bewaldeten Themsequertales erheben sich als eine Zierde des mittleren Englands die hübschen Chiltern Hills, die man durch Oxford- und Buckinghamshire verfolgen kann. Sie sind, zumal in Oxfordshire, noch mit Eichen und Buchen bewachsen, zwischen deren silbergrauen Stämmen und grünen Laubmassen an steileren Hängen das weiße Kreidegestein durchschimmert. In Buckinghamshire, dessen Name eigentlich Buchenland bedeutet, ist der Baumbestand schon stark gelichtet und nimmt weiterhin zugleich mit der Höhe immer mehr ab. Die Hügel von Hertford haben schon wieder bloß Graswuchs; sie entsenden zum Lea ein ähnliches Flußgeästel wie Salisbury Plain zum Avon.

---

*) Downs immer = Hügel; „Dünen" heißen dunes.

Die weitere Fortsetzung der Kreideschwelle, die sogenannte East Anglian Heights, gewahrt man nur von Norden kommend als ganz mäßigen Anstieg, während die Abdachung nach Südosten kaum merklich ist. In Hunstanton Point erreichen die Kreidebänke den Wash, tauchen aber jenseits dieser breiten Lücke in Lincolnshire wieder auf; freilich verdient die sanfte Schwellung der „Lincoln Wolds" kaum den Namen Hügel, jedoch nach abermaliger Unterbrechung durch den Humber erreicht die Kreide in den York Wolds noch Höhen von über 200 m und entfaltet in Flamborough Head, dem Ende des Zuges, noch einmal ihre ganze landschaftliche Anmut.

Von Salisbury Plain gehen wie von dem Mittelstück einer Gabel noch zwei weitere Kreidezinken ostwärts und südostwärts ab. Es sind die schmalen Hügelketten der North- und Southdowns, welche sich gegenseitig ihren Steilrand zukehren und das teils hügelige, teils ebene Gebiet des Weald umschließen.

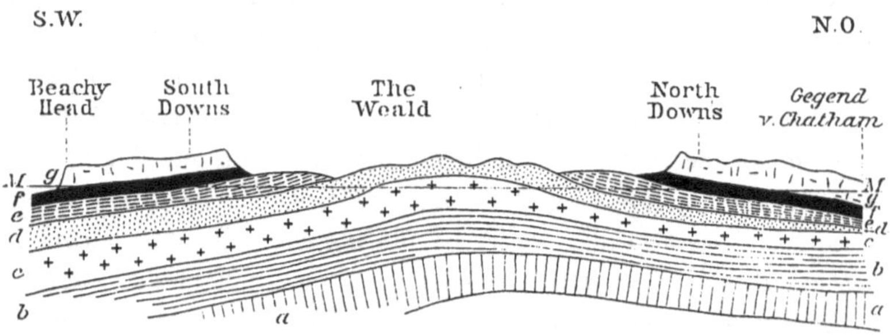

Fig. 8. Profil durch den Weald von Kent und die Ketten der Downs (nach Jukes-Browne). a b c Juraschichten, d Hastingssand, e Wealdenton, f Gault und Grünsand, g Kreide. M—M Meeresspiegel.

Die Northdowns beginnen in Surrey mit dem schmalen geradlinigen Hog's Back (Schweinsrücken); jenseits der Lücke von Guildford, wo der Wey durchbricht, verbreitern sich die Downs, lassen bei Dorking die Mole durchfließen und beginnen wieder mit dem malerischen Box Hill (der nach seinen dunklen Buchsbaumsträuchern benannt ist). Immer breiter und flacher werden die Downs und erreichen bei Dover und Folkestone das Meer. Sie bieten teils weite, luftige Grasflächen, wie bei Epsom, teils echte, englische Parklandschaft wie im größten Teile von Kent.

Die Southdowns sind von Mill*) anschaulich geschildert; es ist ein Schwarm von rundlichen Rücken und Kuppen, dazwischen wasserlose Täler; den Rand umsäumen Buchenhaine und Weißdorndickichte, die höheren Abhänge aber sind ganz kahl, die Kuppen oft gekrönt mit auffallenden einzelnen Bäumen oder Baumgruppen. Die Grasnarbe ist so dünn, daß man, um die Triften zu begrenzen, einfach Furchen in den Rasen zieht, sodaß die weiße Kreide hervorschimmert. Infolge der Wasserarmut sind die eigentlichen Downs ganz unbewohnt. Diesen Charakter zeigen die Downs besonders in ihrem östlichen Teile bis zu ihrem Querabbruche in Beachy Head; dagegen ist z. B. die Gegend westlich von Arundel hübsch bewaldet.

Übrigens sind die östlichen Southdowns durch die Quertäler der Flüßchen Arun, Adur, Ouse und Cucknore in vier kleine Plateaus zerschnitten, jedes mit einer höheren Leiste im Norden und allmählicher Abdachung nach Süden.

Der Weald selbst war, wie sein Name sagt, einst ein Waldland; jetzt ist der Baumwuchs beschränkt auf die höheren und weniger fruchtbaren Teile im Nordwesten (Leith Hill 280 m).

Den südlichsten, am wenigsten erhaltenen Arm der Kreidehügel bilden die sanften Rücken der Halbinsel Purbeck und ihre Fortsetzung, die westöstlich streichende Achsenerhebung der Insel Wight, deren höchster Kamm es bis auf 210 m bringt; diesem Kreidezuge gehören denn auch die schönen Nadelklippen (The Needles) an der Westseite von Wight an. Die Schichten erheben sich hier steil zu einer alten, dem Weald parallelen Wölbung.

Gemeinsam ist allen Kreidehügelketten der Reichtum an Feuersteinknollen. Infolge der Auslaugung des Bodens bedecken sie in Dorsetshire und Wiltshire oft in fußtiefen Lagen die Oberfläche der Kreidehügel. In eine Art Zement eingebettet, dienen sie zum Bau von Häusern und Kirchen, ja auch der Tower in London ist teilweise aus Feuersteinen (flints) erbaut.

Die englischen Flüsse**).

Sie sind bei der Kleinheit des Entwickelungsraumes nicht lang, die Stromsysteme nicht sehr verzweigt, ihre Wassermasse ist aber

*) Geogr. Journ. Bd. 15. 1900. S. 205. 353, wo Mill eine wohlgelungene Probe der geplanten Heimatskunde von England gibt.

**) Neuere Untersuchungen: Davis, Development of certain English Rivers.

bei dem feuchten Klima nicht unbedeutend, und da das Gefälle mäßig ist, so sind sie für die Schiffahrt recht brauchbar; auch ermöglichte der Mangel geschlossener Gebirgskämme zahlreiche Kanalverbindungen. Eine wertvolle Eigenschaft ist noch den meisten englischen Flüssen gemeinsam: sie haben breite und tiefe Ästuarien (Fluttrichter), welche wahrscheinlich durch Senkung des Landes geschaffen*), durch die Gezeitenströme erhalten und vertieft werden. Diese Ästuarien bilden vortreffliche Häfen, und zum Teil trägt die Flut Seeschiffe meilenweit landeinwärts. — Die Breite Englands zwischen Mersey und Humber beträgt ca. 200 km, die Seeschiffe gelangen im Osten bis Goole, im Westen bis Manchester (allerdings auf dem Kanal); die Entfernung zwischen Goole und Manchester beträgt aber nur 90 km, sodaß mehr als die halbe Breite der Insel von Seeschiffen durchfahren wird.

Als Gruppe der Northern Rivers bezeichnen die Engländer die drei Flüßchen Tyne, Wear und Tees, welche auch außer ihrer räumlichen Nachbarschaft viel Gemeinsames haben. Die Tyne entsteht aus der North Tyne (von den Cheviots) und der South Tyne (von den Penninen); beide vereinigen sich kurz oberhalb Hexham; der vereinigte Fluß rauscht noch ziemlich flach über die Felsen seines Bettes, das Tal ist freundlich und grün. Aber kurz oberhalb Newcastle ändert sich das ganze Bild; das Bett ist vertieft durch Meeresflut und Menschenhand, an den Ufern drängen sich Kohlenzechen und Eisenwerke, das schwärzliche Wasser trägt große Seedampfer, und so geht es stundenweit bis zu der breiten Mündung zwischen Tynemouth und South Shields.

Auch der Wear, in dessen klarem Gewässer sich bei Durham die Wipfel prächtiger Bäume und die hohen Türme der Kathedrale spiegeln, gleicht kaum dem Flusse, der bei Sunderland in tief eingegrabenem Bette die Kohlendampfer aufnimmt. Ebensowenig läßt das obere romantische Teesdale, wenn der Fluß bei Middleton über

---

Geogr. Journal V. 1895. Davis, The Geographical Cycle. Geogr. Journ. XIV. 1899. Reed, Geol. History of the Rivers of East Yorkshire (besprochen im Geogr. Journ. XVIII. 1901). Jukes-Browne über die Trent-Witham-Frage: Quart. Journ. Geol. Soc. Bd. 39. Davis hat seine anregenden, wenn auch nicht durchaus neuen Theorien auch vor dem VII. Internat. Geographen-Kongreß entwickelt. Vgl. Vhh. des VII. Int. G.-K. Berlin, London, Paris 1901. S. 221 ff. Eine gute Flußkarte von Großbritannien erschien bei Stanford.

*) Deltabildung, die man mit Aufsteigen des Landes in Verbindung bringt, ist England fremd; doch lagern einigen Flüssen störende Barren vor.

die Basaltbänke stürzt, ahnen, wie häßlich (aber nützlich) der stark verbreitete und vertiefte Fluß in dem lärmenden Eisenbezirke von Stockton und Middlesborough werden soll.

Die Humberflußgruppe. Dem großen mittelenglischen Talzuge, welcher orographisch und geologisch gleich ausgeprägt, die Penninen umzieht, entspricht wenigstens auf der Ostseite die Entwickelung eines größeren Flußsystems. Mit weit ausgebogenen Armen umspannen Ouse und Trent das Penninengebirge, ziehen seine Gewässer an sich und führen sie ihrem gemeinsamen Mündungstrichter, dem Humber, zu.

Dieser einzige, östliche Ausgang des großen Talzuges ist aber auch nur ein (wenig auffallender) Durchbruch durch die Jura- und die Kreideschwelle.

Der Trent entspringt am Südwestabhange der Penninen, nördlich von Stoke, fließt erst südlich, dann östlich, dann nördlich, wird schon bei Burton schiffbar, bleibt aber ein unscheinbarer, fischreicher Wiesenfluß bis dicht an seine Mündung in das Ästuar. Auch seine Nebenflüsse aus dem Peakbezirke, Dove und Derwent, bilden zwar malerische Täler, führen ihm aber keine erheblichen Wassermengen zu. Das Derwenttal zeigt deutlich den Einfluß des Gesteins: es ist flach und breit im langsam nachbröckelnden Sandstein, tief, schluchtartig im schnell gelösten Kalk. — Eine zentrale Stellung in der Gruppe nehmen ein der Don (mit dem Rother rechts) und die Aire (mit dem Calder rechts); sie fließen von den Mittelpenninen stracks auf die Humberlücke los*). Landschaftlich sind diese Flüsse ganz verunziert, denn sie durchfließen einen der rußigsten Industriebezirke.

Bedeutender, schöner auch ist die (Yorkshire-)Ouse, welche aus Swale und Ure gebildet, von den Penninen noch den Nidd und die Wharfe, von den York Wolds aber den Derwent aufnimmt, der, ganz dicht an der Seeküste entspringend, gleich vielen anderen englischen Flüssen landeinwärts fließt.

Die genannten Flüßchen, im Oberlaufe jedes recht anmutig, doch nicht tief, ergeben in der Ouse vereint eine bedeutende Wassermenge, sodaß diese zur Hauptverkehrsader von Yorkshire wird und, obwohl sie selbst von der Industrie ziemlich unberührt bleibt, doch zahlreiche Kähne mit Kohlen und Erzen zum Humber trägt. Der Humber selbst

---

*) Wahrscheinlich ist die Aire der alte, eigentliche Oberlauf des Humber.

ist eine imposante, breite und lange Wasserfläche mit leicht hügeligen Ufern, die Engländer nennen ihn „River“, er ist aber eher eine Meeresbucht, denn der Eigenstrom ist höchst gering.

Die Flüsse des Washgebietes, auch „Fen-Rivers“ genannt, sind Witham, Welland, Nen und (Great) Ouse. Es sind Tieflandsflüsse von ruhigem, sanftem Charakter, für die Binnenschiffahrt nicht ohne Bedeutung, aber keine Eingangstore für den Seeverkehr; dafür ist der Wash zu flach. — Der Witham entspringt am Westabhange der Juraschwelle, durchbricht sie aber bei Lincoln, wo er auch schiffbar wird, und mündet unterhalb Boston. Welland, Nen und Ouse entspringen am östlichen, flachen Gehänge des Juras, durchfließen die mit weichen Schichten erfüllte Niederung zwischen ihm und der Kreideschwelle, wobei die Ouse auch noch deren Abflüsse (wie den Cam) an sich zieht, sodaß sie der wasserreichste Fluß wird (schiffbar bis Bedford). In ihrem Unterlaufe durch die Marsch sind alle vier Flüsse kanalisiert und eingedeicht.

Über die Bildung solcher Flußtore wie das des Witham bei Lincoln, das des Humber oberhalb Hull (auch das der Themse bei Wallingford s. u.) sei hier bemerkt, daß sie nichts Singuläres, sondern ganz allgemein eine Folgeerscheinung der (rückschreitenden) Flußerosion und Talbildung sind.

Zu einer Zeit, als die Trias-, Jura- und Kreideschichten noch weiter nach Westen und am Abhange der Penninen emporreichten, war der Witham der Unterlauf des Trent, was bewiesen wird durch Kiesablagerungen zwischen Newark (am Trent) und Lincoln, durch eine in dieser Richtung vorhandene Senke und durch gelegentliche Überschwemmungen. Dieser alte „Trent-Witham“ hat denn bei der stetigen Eintiefung seines Tales auch die Juraschaarte von Lincoln geschaffen, welche also ähnlich zu erklären ist wie die Lücken in den Downs (vgl. S. 42).

Später aber arbeitete sich in den weichen Triasschichten vom Humber her durch rückläufige Erosion eine Stromfurche heran, welche schließlich den jetzigen Trent in der Gegend von Newark „abfing“. Der so verstümmelte Witham aber hat dann aus sich erst einen kleinen Oberlauf entwickelt. In gleicher Weise flossen einst die Abflüsse der Penninen wie Swale, Ure, Nidd, Wharfe in höherem Niveau über das Gebiet der jetzigen York Moors hinweg dem Meere zu, bis sie von der später entwickelten Ouse abgelenkt wurden. Noch später wurde der Derwent landeinwärts gezogen. Alt und ursprünglich ist also allein die Aire-Humber-Rinne.

Die Themse. Der „königliche Fluß“ der Engländer ist nur nach insularen Begriffen überhaupt ein Strom, beträgt doch die Entfernung von der Quelle bis zur Mündung nur 210 km, d. h. nur doppelt so viel wie die Länge der Unterelbe von Hamburg bis Cuxhaven; die Länge mit Krümmungen allerdings erreicht 350 km.

Die Themse entspringt am flachen Südabhange der Cotswold-Hills, südwestlich von Cirencester. Sie fließt, anfangs auch Isis genannt, zunächst den rückwärtigen Hang der Juraschwelle hinab bis an den Fuß der Kreideschwelle, durchfließt dann aber, nach Nordosten umbiegend, das Längstal zwischen beiden Landschwellen und fängt so die Abflüsse beider auf. Bei Oxford etwa wendet sie sich nach Südosten, nimmt noch den Cherwell auf und die aus dem blühenden Tale von Aylesbury kommende Thame und durchbricht sodann zwischen Wallingford und Pangbourne die Kreidehügel in einem freundlichen, bewaldeten Tale. Bei dem gewerbtätigen Reading mündet (rechts) der Kennet. Die Themse wiederholt nun nach dem Durchbruche ungefähr ihre erste Laufstrecke, fließt am Südabhange der Chiltern und der Hertforder Hügel entlang und zieht so die von dort kommenden Flüßchen an sich (darunter den schiffbaren Lea). Gleichzeitig aber empfängt sie auch von Süden durch die Lücken der Northdowns die Abflüsse des Weald, wie Wey und Mole.

Bei Teddington tritt die Themse unter den Einfluß der Nordseeflut, fast gleichzeitig auch unter den der Riesenstadt London und ändert daher ihren Charakter vollständig. Auf der oberen Strecke bis Teddington ist sie ein sanfter Fluß von eigenartiger, milder Schönheit. Die Ufer sind nirgends großartig, selten auch nur hügelig, wie in ihrem Durchbruchstale und bei Windsor, stets aber frisch und grün; die Landschaft ist parkartig und zeigt Wiesen mit Baumgruppen. Ehrwürdige Abteien, stolze Schlösser, behagliche Landsitze liegen an dem mäßig breiten, ziemlich tiefen Flusse, der von zahlreichen Ruderbooten belebt ist, auch von Anglern geschätzt wird. Zahlreiche Schleusen bekunden die gezähmte Natur des Flusses.

Die Schiffahrt reicht auf dieser Strecke aufwärts bis Lechlade, wo ein Kanal zum Severn abgeht, beschränkt sich aber auf mäßige Kähne. — Unterhalb Teddington, wo die letzte Schleuse ist, wird die Themse durch die Flut bald viel breiter und tiefer, aber der Zauber der friedlichen Landschaft ist dahin, das klare Wasser wird zu einer grauschwarzen Lake. Die Themsestrecke zwischen London und der Nordsee ist zwar von Seeschiffen stark belebt, kann sich aber weder an Breite und Tiefe des Stromes noch an Schönheit und Sauberkeit der Ufer mit der Elbe unterhalb Hamburgs messen. Die Mündung kann man schon bei Gravesend oder mit den Engländern erst beim Nore-Feuerschiff zwischen Shoeburyness und Sheerness annehmen, beidemale wird das Bett plötzlich viel breiter.

Die Flüsse der Südküste sind durchweg unbedeutend, das Mißverhältnis zwischen geräumigen Ästuaren und schwachen Oberläufen ist am auffallendsten bei dem mächtigen Southampton Water mit den unbedeutenden Flüßchen Itchin und Test im Hintergrunde. Der Salisbury Avon ist länger und hat ein starkverzweigtes Flußsystem, sonst aber keine Wichtigkeit. In Devonshire haben Exe, Dart und Tamar ebenfalls breite und zum Teil wertvolle Mündungsbuchten.

Der Severn (355 km lang) ist an Länge, selbständiger Entwickelung und landschaftlicher Schönheit der Themse ebenbürtig. Er entspringt in Wales am Ostabhange des Plynlimmon und fließt in breitem Tale zunächst nach Nordosten, dem Hauptstreichen der wallisischen Gebirge folgend. Schon bei Welshpool beginnt die Kahnfahrt. Bei Shrewsbury tritt er in eine kleine Alluvialebene, wendet sich nach Südosten und durchbricht bei Ironbridge in bewaldeter Enge die Ausläufer des Berglandes von Shropshire: rechts Wenlock Edge, links Wrekin, um nun bequem die breite Niederung zwischen dem westlichen Bergland und dem östlichen Hügelland zu durchwandern. Bei Tewkesbury mündet links der schiffbare Warwickshire Avon, dessen sanfter Charakter zu dem des Severn paßt. Bis Tewkesbury läuft aber auch die Flut, bis Gloucester fahren kleine Seeschiffe, doch nicht ohne Schwierigkeit wegen der vielen Sandbänke und einer zuweilen auftretenden heftigen Flutwelle, „Bore“ genannt*). Breiter, immer breiter wird der gewundene Fluß und geht unmerklich in den Spitzgolf des Bristolkanals über.

Bei Chepstow rechts empfängt er noch seinen bedeutendsten Nebenfluß, die schnelle, lachsreiche Wye, welche ebenfalls am Plyn-

---

*) Über diese Flutwelle, welche bis 21 km in der Stunde läuft, vergleiche man Geogr. Journ. Bd. 19. 1892 (mit Abbildungen).

limmon ganz nahe der Severnquelle entspringt, sich aber von vornherein nach Südosten wendet und somit sämtliche wallisische Bergkämme durchbricht. Der Lauf der Wye setzt sich daher meist aus Quertalstücken zusammen, welche ebenso malerisch wie die verbindenden Längstäler fruchtbar sind; noch gerade vor ihrer Mündung durchbricht sie den waldigen Dean Forest in dem schönen Tale von Tintern Abbey. Sie ist für Kähne schiffbar bis oberhalb Hereford. — Bei Newport mündet rechts der Usk, welcher an den Black Mountains entspringt und das Kohlengebirge von Südwales umfließt. Sein stark gewundener Unterlauf unterliegt ganz dem Einflusse der Meeresflut. — Ähnlich geht es dem Bristol Avon (links), welcher kaum noch als Nebenfluß des Severn angesehen werden kann; er kommt vom Ostabhange der Cotswoldhügel, fließt zunächst nach Osten und dann nach Süden über Malmesbury und Chippenham, wendet sich weiter aber nach Westnordwesten, durchbricht bei Bath in breitem, malerischem Tale die Jurakalkberge und mündet unterhalb Bristol, nachdem er bei Clifton noch eine tiefe Schlucht gebildet hat. Seine eigene Wassermenge ist nicht groß, aber bis Bristol läuft die Flut.

Der heutige Lauf der Themse sowohl wie des Severn ist schwer verständlich. Nach den neuesten englischen Forschungen kann man folgendes annehmen, was ich absichtlich genau wie oben bei der Humbergruppe formuliere: Die mesozoischen Schichten reichten einst weiter nach Nordwesten und an den Flanken des wallisischen Berglandes hinauf. Die Abflüsse gingen nach Südosten; es waren hauptsächlich die Wye und ein Fluß = oberer Severn (bis Tewkesbury) + Themse. Später entwickelte sich in den weichen Triasschichten von der alten Senke des Bristolkanals her eine Flußrinne, der jetzige untere Severn + Warwick Avon, welche die Themse ihres Oberlaufes beraubte und noch heute durch Annagen der Juraplatte ihr Gebiet stetig einschränkt. Beweise für den einstigen Zusammenhang zwischen Severn und Themse bilden besonders die tiefen Trockentäler in den Cotswolds mit ihren von Westen her stammenden Kiesen.

Die Flüsse von Wales (abgesehen vom Severn und seinen Nebenflüssen) haben wenig Entwickelungsraum, eine ungleichmäßige Wassermenge und führen viel Gerölle mit sich; der längste rein wallisische Fluß ist der Towy, der eines der Längstäler durchströmt; sein Parallelfluß aber, der Teifi, durchbricht zum Schlusse doch noch das Gebirge, um die Cardiganbucht zu erreichen. Über die starke

Erosionstätigkeit der wallisischen Flüsse vgl. S. 49. Ein Kind von Wales ist auch der Dee, er durchfließt den Bala See und sodann das Längstal zwischen der Areniggruppe und den Berwyn Mounts, durchbricht aber dann diese Bergkette, fließt in stark gewundenem Laufe nordwärts bis Chester und von da in kanalisiertem Bette in sein versandetes Ästuar.

Die Flüsse des Tieflandes von Cheshire und Lancashire: Weaver, Mersey und Ribble, sind an sich unbedeutend, aber ihre Ästuare tragen Seeschiffe, besonders das dem Weaver und Mersey gemeinsame. Auf dem Weaver wird auch viel Salz von Cheshire verfrachtet.

In die Morecambebucht ergießt sich die unbedeutende Lune, deren Name auch in Lancaster (Luncaster) enthalten ist.

Der Eden trennt mit seinem auffallend breiten und tiefen, geologisch sehr alten Tale die Penninen von dem cumbrischen Berglande, empfängt links die Abflüsse einiger cumbrischen Seen, rechts den Irthing aus dem Tale des Römerwalles und mündet in den Solway Firth.

Die Kanäle Englands und der Britischen Inseln überhaupt sind zwar zahlreich, aber — wie die Frankreichs — nicht eben sehr brauchbar und wichtig. Einerseits stammen sie fast alle aus älterer Zeit (kurz vor und kurz nach 1800) und haben deshalb zu kleine Abmessungen, anderseits schnitt die erste rapide Entwickelung des englischen Eisenbahnwesens (ca. 1830—1850) die der Kanäle schroff ab, ja die Bahngesellschaften kauften absichtlich die Kanäle ihres Bezirks, um sie verfallen zu lassen; endlich aber bewältigt in dem so wohlgegliederten Inselreiche die Küstenschiffahrt einen großen Teil der Transporte, welche sonst Kanälen zufallen (Kohle kommt z. B. von Newcastle nach London meist auf dem Seewege). So ist denn auch der einzige neue, große Kanal, der allein eine nähere Beschreibung verdient (die übrigen werden in geeignetem Zusammenhange erwähnt), ein Seekanal, es ist der Manchester-Schiffkanal*); er beginnt am Südufer des Merseygolfes und läuft ihm noch eine Strecke parallel (eine Rinne mitten in das flache Ästuarium hinein hätte dieses vielleicht trockenlegen oder doch den für die Offenhaltung der Mündung bei Liverpool nötigen Ebbestrom mindern können), dann geht er ohne wesentliche Krümmungen im Tale des Mersey und des Irwell

*) Vgl. Geogr. Journal 3. 1894. Oldham, The Manchester Ship Canal.

auf Manchester zu; ganze Strecken beider Flüsse werden direkt von dem Kanal benutzt.

Kleinere Wasserläufe sowie der Vyrnwy-Liverpooler Aquädukt (vgl. S. 50) werden in Dükern unter dem Kanal durchgeführt, der alte Bridgewaterkanal dagegen wird im Niveau mittelst eines drehbaren Troges durchgeleitet. Die 20 m Höhenunterschied zwischen beiden Enden überwand man durch vier Schleusen, die fünfte ist die Seeschleuse. Die den Kanal überschreitenden Brücken mußten sich leider in der Höhe alle nach einer vorhandenen Eisenbahnbrücke richten, sodaß für Segelschiffe das Kappen der obersten Stengen nötig ist. Die Abmessungen des Kanals sind bedeutend; die Bodenbreite beträgt 36 m (beim Suezkanal nur 22, beim Nordostseekanal ebenfalls 22 m), die Mindesttiefe 7,80 m (gegen 8 bezw. 9 m). Eröffnet wurde der Kanal am 1. Januar 1894, nachdem man 300 Millionen Mark (180 Millionen über den Voranschlag) verbaut hatte. Großartig sind die Hafenanlagen in Manchester. Über Zweck und bisherige Wirkung des Kanals s. S. 72.

B. Politische Geographie.

Allgemeines.

England und Wales, die in Britannien selber gewöhnlich in einem Atem genannt werden, sind in der Tat besonders eng miteinander verschmolzen, schon aus geographischem Grunde, insofern das kleine Wales mit breiter Basis dem großen England aufsitzt und dem von dieser Grundlinie einströmenden Einflusse auch der ohnehin nicht recht geschlossene Gebirgswall von Wales nicht lange Widerstand leisten konnte. Wir haben zwar gesehen, dass die wallisische Sprache noch eifrig gepflegt wird, auch weist der wallisische Protestantismus die englische Hochkirche zurück, aber politische Sonderbestrebungen bestehen in dem „Fürstentum“ nicht. Mit seinen 19000 qkm und kaum 1½ Millionen Einwohnern ist es auch nur ein Zwerg gegen England, mit seinen 132000 qkm und 31 Millionen Einwohnern. Im Flächeninhalt verhält sich Wales zu England wie 1 : 7, in der Einwohnerzahl nur wie 1 : 20, es ist also viel dünner bevölkert.

England dominiert dermaßen in dem heutigen britischen Staatswesen, daß nicht nur im Auslande, sondern auch auf den Inseln selbst die Bezeichnung „englisch“ für britisch gebraucht wird. England ist das größte und volkreichste der vier Länder (es enthält 3/4 der Gesamtbevölkerung), in England liegt die Hauptstadt und zugleich die größte Stadt der Inseln, außerdem aber noch eine ganze Schar mächtiger Gemeinwesen. England hat den Löwenanteil an den Mineralschätzen und doch auch die größten landwirtschaftlich benutzten Flächen, es liegt endlich dem Kontinente am nächsten, für den Irland und Schottland immer noch etwas von der „ultima Thule“ an sich haben; so ist denn seine Vorherrschaft wohl begreiflich.

Über die englischen Counties, meist große, lebensfähige Gebilde, die im Volksleben eine große Rolle spielen, vgl. S. 26. Die Engländer selbst fassen oft die Counties in Gruppen zusammen, welche in der Tat auch geographische Einheiten sind; wir betrachten dementsprechend 1. den vorwiegend gebirgigen Norden (etwa bis zur Mersey-Humberlinie); 2. die Midlands, wo sich der Einfluß des Meeres am wenigsten geltend macht, mit dem Brennpunkte in Birmingham; 3. den Westen, das Severntal, welches den Übergang zu Wales vermittelt, und zum Teil wirklich alte „welsche Mark“ ist; 4. Wales, das ganz und gar bergige; 5. den Südwesten mit ganz ozeanischem Charakter; 6. den Süden, ein freundliches, hügeliges Ackerland; 7. den Südosten, dem vorigen ähnlich, aber mit London als Zentrale und kontinentalem Einflusse besonders geöffnet; 8. den Osten, Nordseegebiet, um Humber und Wash gelagert.

Das nördliche England.

Northumberland (5300 qkm, 390000 Einwohner)*) und Durham (2600 qkm, 735000 Einwohner). Diese beiden Grafschaften bilden die Ostabdachung der Penninen (bezw. Cheviots) zur Nordseeküste. Die westlichen, bergigen Teile sind menschenarme Moor- und Weidebezirke, deren Täler jedoch nicht ohne Anmut sind; in dem östlichen, an Kohle und Eisen reichen Küstenstreifen ist die Großindustrie mächtig emporgeblüht, Großstädte und Industriedörfer drängen sich dort. Ziemlich still liegt jedoch im Norden an der Mündung des Grenzflusses Tweed das alte, einst viel umstrittene Berwick, jetzt endgültig zu England geschlagen, mit mäßigem Hafen.

Dagegen ist Newcastle an der Tyne, 215000 Einwohner (einst

*) Die Zahlen beziehen sich auf die „Administrative Counties“.

wie der Name sagt eine „neue Burg“, nämlich eines Normannengroßen im 11. Jahrhundert), jetzt eine Hochburg der Kohle und des Eisens. Es liegt am steilen Nordufer der Tyne, die man hier künstlich vertieft hat, und ist mit der südlichen Schwesterstadt Gateshead, 110000 Einwohner, durch eine mächtige Hochbrücke verbunden.

Die Stadt leistet Großes in der chemischen und in der Metallindustrie, besonders im Schiffbau, auch im Kohlenexport, ist aber eine der häßlichsten, ungemütlichsten Großstädte. Oberhalb und unterhalb der Tyne liegen ähnliche Orte: Elswick mit den Armstrongwerken, Jarrow, North- und South-Shields (zusammen 100000 Einwohner) und Tynemouth, dazwischen Kohlenzechen, deren Förderung auf der Tyne zum Export gelangt. Zu diesem Industriebezirke gehört auch das schon in Durham gelegene Sunderland (145000 Einwohner) an der tiefeingeschnittenen Mündung des schiffbaren Wear, ebenfalls ein Kohlenhafen. Dagegen ist die Bischofs- und Universitätsstadt Durham auf ihrer hohen, malerischen Flußhalbinsel, überragt von dem schönen dreitürmigen Dom, von dem Hauche der Industrie kaum berührt, obwohl sich in der Umgegend viele Zechen befinden.

Weiter südlich folgt an der breiten Teesmündung wieder eine Gruppe von Fabrikorten, von denen Stockton und Darlington bekannt sind, weil sie — als die ersten in der Welt — im Jahre 1825 durch eine Lokomotiv-Eisenbahn verbunden wurden. Der aufblühende Hafen für diesen Bezirk ist Hartlepool (außerhalb der Teesmündung).

Cumberland (3900 qkm, 265000 Einwohner) und Westmoreland (2000 qkm, 65000 Einwohner) nebst Furness, einem Teil der Grafschaft Lancashire, bilden den sogenannten Lakedistrict oder das cumbrische Bergland. In dem Berglande selbst wird nur Schafzucht getrieben, hie und da Blei gefördert; selbst die Talböden und Seeufer sind nicht intensiv angebaut, und erst das erwachende Naturgefühl der letzten 150 Jahre brachte Verkehr in diese schöne, einsame Gegend, welche die Engländer nun glücklicherweise vor jeder Durchquerung durch Eisenbahnen bewahrt haben. Man reist hier noch auf der luftigen und freundlichen Coach. Windermere mit dem entzückenden Bowness, Ambleside und Keswick, gleichfalls schmucke Orte, sind die Hauptstationen der Touristen, Sommerfrischler und Sportsleute. — Es verdient hervorgehoben zu werden, daß die Engländer sich neben ihren greulich verunstalteten Industriebezirken doch auch solche „Nationalparks“ schaffen oder erhalten, wie dieser Seebezirk einer ist. — Ein Saum von größeren Siedelungen umzieht das Bergland. Da liegt im Norden am Eden die alte, stattliche Grenzstadt Carlisle*), stets wichtig, jetzt besonders als Knotenpunkt für den Eisenbahnverkehr zwischen England und Schottland. Whitehaven an der Westküste ist ein guter Hafen mit Verkehr nach der Insel Man; der Bezirk Furness im Süden ist reich an Eisen und Kohle. Die ganz modern entwickelte Stadt Barrow in Furness baut Schiffe, erzeugt und exportiert Roheisen und Stahl.

Yorkshire (15700 qkm, 1890000 Einwohner), die größte englische Grafschaft, an Größe und noch mehr an Einwohnerzahl schon einem deutschen Kleinstaate vergleichbar, liegt zwischen Tees und Humber, Penninen und Nordsee. Es zerfällt physisch in drei Längsstreifen: ein westliches Bergland, eine mittlere Ebene und ein östliches Hügelland. Das letztere ist stets eine stille Landschaft gewesen, das westliche Bergland kam erst in der Neuzeit durch seine Mineralschätze empor; am wichtigsten war in der Römerzeit und im Mittelalter die zentrale Ebene von York, das breite, fruchtbare Tal der Ouse und der Swale. Noch heute durchläuft eine Hauptlängsbahn von London nach Schottland dieses Tal, allein der Schwerpunkt der Interessen und die dichteste Bevölkerung hat sich in die bergige Südwestecke von York verschoben. Übrigens stimmt die bei der großen Grafschaft gebräuchliche Untereinteilung in 3 „Ridings“ (eigentlich thridings = Dritteile) nicht zu den natürlichen landschaftlichen Abschnitten, sondern das North-Riding ist der Norden, das East-Riding der Südosten, das (wichtigste und größte) West-Riding der Südwesten.

Stolz und bedeutend ist Yorkshires Rolle in der englischen Geschichte gewesen, solange der Norden Englands die Führung noch nicht an den Süden abgegeben hatte. An allen Ecken trifft man auf historisch wichtige Stätten: Burg- und Klosterruinen, Schlachtfelder aus verschiedenen Zeiten.

Wir folgen der natürlichen Einteilung. Das westliche Bergland ist ausgezeichnet durch seine langen, hübschen Täler (dales); die wichtigsten Punkte waren natürlich dort, wo diese Täler in die große Ebene mündeten; so liegen das alte malerische Richmond mit seinem Schlosse, Ripon mit mächtigem Dome, Harrogate, Pontefract, Doncaster u. a. m. Je weiter man nach Süden kommt, desto

*) Keltisch Caer-luel = Feste am Sumpf.

mehr weicht die romantische Stimmung dem Qualm und Lärm eines mächtigen Industriebezirks, des Black Country von York. Zunächst wurden hier Kohlen gefördert und Metalle verarbeitet, dann trat die Textilindustrie mit ihren Hilfsgewerben dazu*), und diese überwiegt heute. Sie herrscht in den Großstädten Bradford (280 000 Einwohner), Leeds (430 000 Einwohner); Halifax (105 000 Einwohner), Huddersfield (95 000 Einwohner), hier wird vor allem Schafwolle zu Garn versponnen, das Garn zu Wollstoff gewebt, die Stoffe werden gefärbt, und auch die Exporteure sind gleich zur Stelle. Neben die Herstellung solider, mit Recht berühmter englischer Wollstoffe ist in den letzten Jahren freilich auch die Fabrikation von „Shoddy“ aus aufgekratzten alten Tuchen mit Zusatz frischer Wolle getreten. Mit ihren qualmenden Schloten, dürftigen Arbeiterhäusern und auch nicht sehr abwechslungsreichen besseren Quartieren gewähren alle diese Städte trotz stattlicher öffentlicher Gebäude einen unerfreulichen Anblick. Sie werden freilich an Häßlichkeit noch übertroffen von Sheffield, dem Mittelpunkte der Metallindustrie, der Messerschleifereien und der Waffenfabrikation. Dieses fast stets in gelbgrauen Qualm gehüllte Ungetüm hat jetzt mit den Vorstädten über 380 000 Einwohner, welche fast alle direkt oder indirekt von der Metallindustrie leben. Die Sheffielder Klingen beherrschen noch heute einen Teil des Weltmarkts, wenngleich sie aus Deutschland und seinen Nachbarländern durch die Solinger Stahlwaren so ziemlich verdrängt sind. Sheffield liegt am Sheaf in einem nicht sehr breiten Tale, unweit des Hauptkammes der südlichen Penninen.

Die breite fruchtbare Zentralebene Yorks, durchströmt von der ruhigen Ouse und den ebenfalls stillen, gewundenen Unterläufen der Penninenflüßchen, ist zum großen Teil echtes Alluvialland und eine Hauptkornkammer Englands. Die natürliche Hauptstadt der Landschaft ist York an der Ouse, 70 000 Einwohner, schon von den Römern mit sicherm Blick in seiner Bedeutung erkannt und unter dem Namen Eboracum als ein „nordisches Rom“ zu höchster jahrhundertelanger Blüte gebracht. Zahlreich sind die Überreste römischer Kultur; nachdem aber diese durch die von Norden her anstürmenden Kelten vernichtet war, erlebte York eine neue Blüte im christlichen Mittelalter, wo es als Sitz des zweiten Erzbischofs von England eine der mächtigsten

*) Sie konnte allerdings anknüpfen an die althergebrachte Verarbeitung der heimischen Schafwolle.

Städte der Insel war. Durch eine glückliche Entwickelung ist uns die Stadt in dem Gepräge, das sie damals erhalten hat, ziemlich getreu erhalten geblieben und ist nun mit ihren alten Stadttoren, der vollständigen Stadtmauer, den Giebelhäusern und dem herrlichen Münster eine zwar stille, aber jedenfalls viel anziehendere Stadt, als andere, die der nivellierenden Großindustrie anheimgefallen sind. Als Mittelpunkt eines großen landwirtschaftlichen Bezirks hat sie übrigens soliden Getreide- und Viehhandel; Yorkshirepferde sind auch in Deutschland, Yorker Schinken besonders in Frankreich bekannt. — Das östliche Hügelland hat wenig Einheitliches. Im Norden, zwischen den „Moors" und dem Tees liegt der eisenreiche Distrikt Cleveland*), wo mehr Hochöfen brennen als sonstwo auf den Britischen Inseln; die Hauptstadt des Bezirks ist das rapide emporgewachsene Middlesbrough, welches freilich von einem ästhetisch empfindlichen Beobachter (Steffen) eine „typische Kohlenhölle" genannt wird. An der östlichen Steilküste liegen kleine, malerische Orte wie Saltburn, Whitby (mit seiner wehmütig dreinschauenden Klosterruine) und die Königin der ostenglischen Badeorte, das schöne Scarborough an einer doppelten, durch Felswände abgeschlossenen Bucht, ein Luxusbad, wo man sehen kann, wie der wohlhabende Engländer von heute sich amüsiert, was bis auf die geringere Vertilgung geistiger Getränke ganz ähnlich geschieht wie früher und wie anderswo.

Südlich des markigen Kaps Flamborough Head liegt an einer flachen Bucht, wo die Zerstörung der Küste besonders lebhaft ist, der Badeort Bridlington. Die Halbinsel Holderness ist fruchtbar, doch fehlt ein Ankerplatz für Schiffe. Mit Recht aber dürfen wir einen großen Hafen erwarten an dem tief ins Land eindringenden, wenn auch stellenweise flachen Ästuar des Humber; dort liegt denn auch an der Nordseite, wo der kleine Küstenfluß Hull mündet, Kingston upon Hull, gewöhnlich Hull genannt, 240000 Einwohner, der große Ausfuhrhafen für Yorkshire und einen großen Teil des industriellen Mittelenglands, sowie Einfuhrhafen für Getreide, Holz, Felle, deutsche Fabrikate. Hull pflegt besonders den Handel mit Hamburg und den nordeuropäischen Häfen. Die Front nach dem Humber ist frei und luftig, die Stadt selbst ausgedehnt, aber nicht schön.

Im Innern des östlichen Yorkshire, in den Tälern der Moors und

---

*) Die Eisensteinschichten gehören, wie so häufig, dem mittleren Lias an.

Wolds liegt zwar manche interessante Burg- und Klosterruine, aber keine größere Stadt; die spärlichen Bewohner treiben Schafzucht.

Lancashire (4900 qkm, 1830000 Einwohner) und Cheshire 2700 qkm, 600000 Einwohner) bilden die Küstenebene zwischen dem Westabhange der Penninen und der Irischen See mit ihren großen Einbuchtungen. Der Boden dieser Ebene ist zwar (vgl. S. 33) meist nicht junges Alluvium, aber die ihn bildenden Triasschichten sind doch locker und leicht genug, um z. B. den Anbau vorzüglicher Kartoffeln zu ermöglichen, welche sonst in England (wo es nur wenig Sandboden gibt) nicht recht gedeihen. Anderseits bergen die Triasschichten im Süden (in Cheshire) reiche Salzlager, und die von Osten her kommenden Ausläufer der Penninen enthalten reiche Kohlenlager. Diese Umstände im Verein mit vorzüglichen Häfen und einer zentralen Lage haben die Landschaften, deren Vorzüge schon den Römern nicht verborgen blieben (man denke an Lancaster, Manchester und vor allem Chester), zu einer solchen Blüte geführt, daß sich ihre Bewohner mit Stolz den Londonern mindestens gleichachten. Ja man sagt sogar: „Was Lancashire heute will, das will übers Jahr ganz England“, eine Bemerkung, die nicht nur für die industrielle Entwickelung, sondern auch in der politischen Geschichte ihre Berechtigung erwiesen hat: in der Mitte des 19. Jahrhunderts ging Lancaster voran in der Freihandelsbewegung, am Ende des Jahrhunderts in der imperialistischen. Die Baumwollspinner (Fabrikanten und Arbeiter) wählen zum großen Teil konservativ!

Der politisch zu Lancashire gehörige Bezirk Furness wurde bei Cumberland besprochen. — Die Stadt Lancaster, die alte „Festung an der Lune“, ist gegen jüngere Städte der nach ihr benannten Grafschaft zurückgeblieben, hat aber doch etwas Tuchindustrie und Handel. In Sage, Dichtung und Geschichte hat der Name einen guten Klang. Weiter südlich liegt an der Ribble, im Flutbereich der erste industrielle Emporkömmling, das baumwollspinnende Preston (115000 Einwohner) mit zwei Vorhäfen Fleetwood und Blackpool (auch Badeort). Nun folgt südöstlich, also landeinwärts, auf kohlereichem Boden am Rande der Penninen der eigentliche große Industriebezirk von Lancashire, wo die Kohlenförderung freilich nur noch Nebensache ist, da die Baumwollspinnerei und Weberei alles beherrscht. Die Baumwollenkönigin ist Manchester mit 540000 Einwohnern, nur durch das schmutzige Flüßchen Irwell getrennt von der Schwesterstadt

Salford (220 000 Einwohner). Manchester ist typisch für diese Art von Städten, die im wesentlichen aus viererlei Quartieren bestehen. Zunächst sind es hohe, eintönige Fabriken und Lagerhäuser, sodann schier zahllose, niedrige, nicht minder eintönige Arbeiterhäuser; in der Mitte der Stadt gibt es ein Dutzend glänzende, jedoch banale Geschäftsstraßen; ebendort gruppieren sich einige wuchtige Kirchen und öffentliche Gebäude im antiken oder Renaissancestile, nur ganz und gar verräuchert, und außerhalb, besonders nach Westen, liegen die hübschen Landhäuser der Fabrikanten und Großkaufleute.

Unter der wenig harmonischen Außenseite steckt freilich eine riesige Leistungsfähigkeit. „Manchester bekleidet einen großen Teil der Menschheit"; das ist wahr, wenigstens soweit die Menschen Baumwolle tragen. Der ganze vielseitige Prozeß der Baumwollenverarbeitung wird hier an Ort und Stelle erledigt, und trotzdem die Baumwollindustrie sich schon seit Jahren in schwieriger Lage befindet, haben die „Manchesterleute" noch kürzlich ein so großartiges Werk wie ihren Seekanal vollendet, vor allem, um die Baumwolle ohne Umladung an die Stadt zu bekommen. Auch für Volkswohlfahrt, Wissenschaft und Kunst wird in den englischen Fabrikgroßstädten, sobald eine gewisse Stufe des Wohlstands erreicht ist, viel getan. Manchesters Universität, Owen College, steht wissenschaftlich über Oxford und Cambridge. — Als Trabanten sind um den rußigen Riesen Manchester in weitem Halbkreise, d. h. in einer Einbuchtung der Penninen gelagert die Fabrikstädte: Stockport, 85 000 Einwohner, Oldham, 140 000 Einwohner, eine bloße Fabrikstadt, von Steffen anschaulich geschildert, Rochdale, 75 000 Einwohner, bekannt durch die „Pioniere von Rochdale" und ihre jetzt so großartige Konsumgenossenschaft, Bolton, 170 000 Einwohner. Weiter westlich liegen Wigan (Textilindustrie, Kohle, Eisen), St. Helens mit Glashütten, weiter nach Norden vorgeschoben, wieder in einem Quertale der Penninen: Blackburn, 130 000 Einwohner, Burnley, 100 000 Einwohner.

Aus der Verkehrsstatistik geht hervor, daß Manchesters Seekanal sich bisher nicht bezahlt machte; er wird es wohl nie tun; denn an der atlantischen Seite ist und bleibt der gegebene Großhafen für das industrielle England Liverpool.

Liverpool (685 000 Einwohner) liegt malerisch am östlichen, sanft ansteigenden Ufer des breiten Merseygolfes unweit seiner Mündung. Es wird in England selbst im Schiffsverkehr nur von London übertroffen (dem es aber als Ausfuhrhafen wegen der Nähe des Fabrikgebietes überlegen ist) in Europa noch von Hamburg, mit dem es am besten, auch nach der Einwohnerzahl, verglichen wird. Allein Liverpool vertritt einen ganz anderen Hafentyp als Hamburg. Während in Hamburg die großen Schiffe entweder auf dem Strom vor Anker gehen, löschen und laden, oder auch in den seitlich anschließenden Hafenbecken ohne weiteres an der Kaimauer festmachen können, jedenfalls keine Schleuse zu passieren haben, ist Liverpool ein echter Dockhafen: meilenlang zieht sich die Reihe der künstlich ausgegrabenen, durch Schleusen verschlossenen, nur zur Flutzeit geöffneten Becken an der Seefront der Stadt hin. Die Docks sind umgeben von Kränen und Speichern, und jedes einzelne ist in der Regel für Schiffe mit besonderer Fracht oder aus besonderen Ländern bestimmt. Liverpool exportiert hauptsächlich englische Industrieerzeugnisse und führt Baumwolle, Holz, Zucker, Kolonialprodukte ein. Die eigene Reederei ist sehr bedeutend. Industrie hat sich verhältnismäßig wenig entwickelt, aber das geistige Leben ist rege. Ein prächtiges Stadtbild gewährt der freie Platz um die St. Georgshalle mit den vielen öffentlichen Gebäuden. Unter den Einwohnern sind viele irische Arbeiter, welche geschlossene Viertel bewohnen und sogar irische Abgeordnete ins Parlament schicken.

Liverpool gegenüber, schon in Cheshire, liegt Birkenhead, 110 000 Einwohner, eine ganz junge Großstadt mit bedeutendem Schiffbau und großen Docks. Mit Liverpool ist es durch Dampffähren sowie durch einen Eisenbahntunnel unter dem Mersey verbunden. Auf derselben Seite, gerade an der Merseymündung, liegt New Brighton, das Seebad für die Liverpooler Volksmasse, gegenüber die eleganten Villenvorstädte für die oberen Zehntausend. Die Merseymündung ist auch befestigt.

Die Halbinsel Wirral zwischen Mersey und Dee ist wellig und fruchtbar, sie gehört zu Cheshire (eigentlich Chester-shire). Diese hübsche Grafschaft ist fast ganz flach, überall sieht man Wiesen, durchzogen von ruhigen, gewundenen Flüssen; die einzelnen Koppeln sind getrennt durch hohe Hecken und Bäume, in deren Schatten Tausende von Kühen weiden. Cheshire liefert außer Milch und Butter für die nahen Großstädte den berühmten Chesterkäse, außerdem aber das in England nicht gerade häufige Salz. Die Namen der Salzorte enden meist auf -wich (skandinavisch = Einbuchtung,

Vertiefung), z. B. Northwich, Middlewich, Nantwich. Durch Auslaugung salzführender Schichten entstanden die zahlreichen „Meres", kleine rundliche Seen.

Der größte Ort ist das industrielle Macclesfield; wichtig als Eisenbahnknoten und Stapelplatz der Nordwestbahn ist Crewe, aber die rechte Hauptstadt ist doch das uralte Chester am Dee. Von den Römern gegründet als „Castra" (Lager, nämlich der berühmten zwanzigsten Legion), im Mittelalter wieder Grenzfestung gegen Wales, trägt es noch heute in seinem viereckigen Grundriß, den beiden sich rechtwinklig schneidenden Hauptstraßen, den Mauern mit 4 Haupttoren das Gepräge des Römerlagers, während die Fachwerk- und Giebelhäuser, die vorspringenden Stockwerke und Laubengänge an das Mittelalter erinnern. Überwiegen in York die mittelalterlichen Züge, so hier die römischen.

Die Midlands (Das Mittelland).

Dieser Ausdruck*), welcher in England durchaus gebräuchlich ist, sowohl in rein geographischem wie in verkehrsgeographischem Sinne (Midland Railway), endlich auch zur Bezeichnung einer bestimmten Mund- und Volksart, ist in nichtenglischen Darstellungen über Gebühr vernachlässigt worden. Wo die Wasserscheiden so verwischt sind wie im mittleren England, kommt man mit der Einteilung nach Flußgebieten (wie sie Reclus hat) nicht weit; ohne Zweifel gibt es aber doch in England einen Bezirk, wo sich der Einfluß der See verhältnismäßig wenig geltend macht, und dies sind eben die Midlands. Und wenn man als zweites Kriterium noch beachtet, welche Gegenden dem Einflusse Londons einerseits, dem von Schottland und von Wales anderseits am fernsten gerückt sind, so erhält man etwa die Gruppe der folgenden Grafschaften: Derby, Nottingham, Leicester, Rutland, Northampton, Warwick, Stafford. Gemeinsame Züge dieser Landschaften sind: hügeliger, meist fruchtbarer Boden, große Wegsamkeit, Mineralschätze, lebhafte Industrie, dichte Bevölkerung. Als Hauptstadt der Midlands gilt Birmingham. Die fließenden Gewässer gehen größtenteils zum Trent, welcher aber keine stark verbindende Wirkung übt.

Derbyshire (2700 qkm, 505000 Einwohner) ist die bergigste

*) Und der dazu gehörige Begriff.

der 7 mittleren Grafschaften, da es den Südzipfel der Penninen umfaßt; allein abgesehen von dem wilden Peakdistrikte ist ja dieser Teil der Penninen reich an breiten, baumreichen, wirtlichen Tälern, in

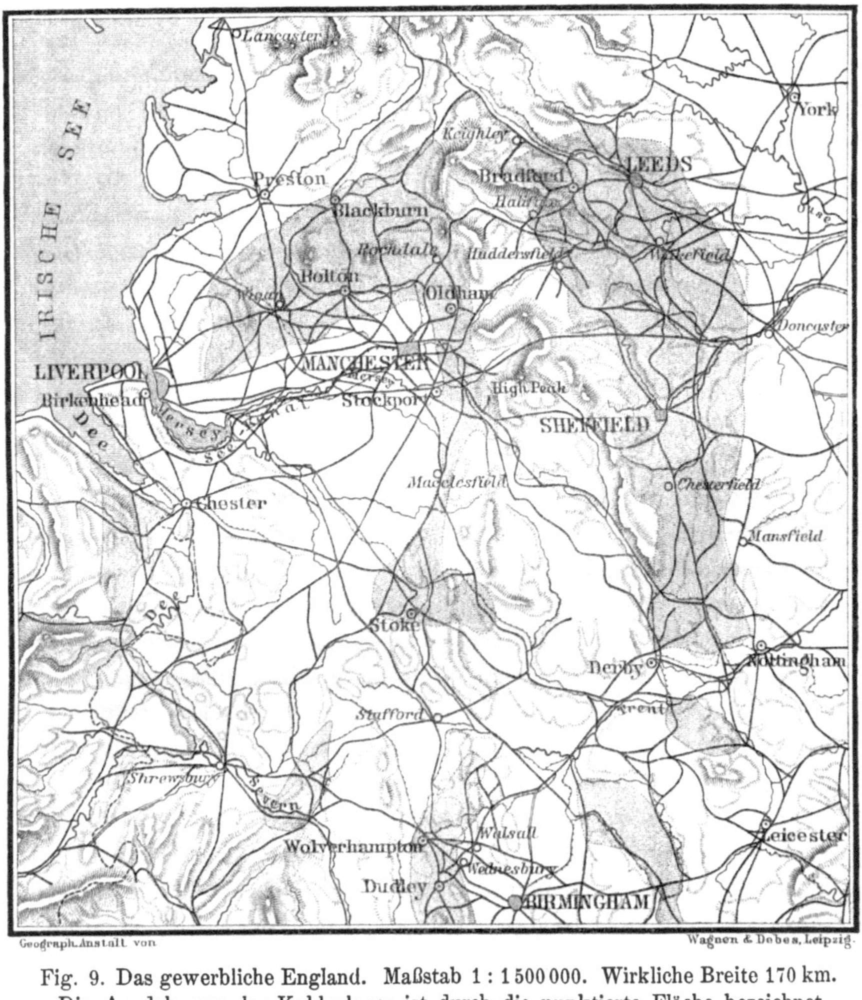

Geograph. Anstalt von Wagner & Debes, Leipzig.

Fig. 9. Das gewerbliche England. Maßstab 1 : 1 500 000. Wirkliche Breite 170 km. Die Ausdehnung der Kohlenlager ist durch die punktierte Fläche bezeichnet.

welchen auch die Siedelungen dicht gesät sind. Hier liegen vielbesuchte Kurorte wie Buxton, Castleton, Matlock, prächtige Herrensitze wie Haddon Hall und Chatsworth House; und da wo das schöne, sich südwärts immer mehr verbreiternde Tal des Derwent sich endlich ganz zur flachen Trentniederung öffnet, liegt die Hauptstadt Derby, durch mancherlei Industrie (besonders Feinweberei) bis auf 105 000 Einwohner angewachsen. Eine kleinere, von Bergwerken umgebene Industriestadt ist Chesterfield am Ostabhange der Penninen.

Größtenteils flach oder doch nur hügelig ist Nottinghamshire (2100 qkm, 275 000 Einwohner), trentabwärts sich erstreckend; am fischreichen Trent ist meist Wiesenboden; im westlichen Nottinghamshire sind von dem alten Sherwood Forest nur noch Reste in zahlreichen eingehegten Parks und einzelnen stattlichen Eichbäumen zu finden.

Die Hauptstadt Nottingham am Trent, 240 000 Einwohner, ist eine große, aber ziemlich charakterlose Fabrikstadt, welche Spitzen, Gardinen, Tricots webt, sich aber auch eine schöne, wohlausgestattete Universität erbaut hat (und zwar, das ist die Regel in England, ohne staatliche Hilfe).

Leicestershire (2100 qkm, 225 000 Einwohner) umfaßt einen Teil des englischen Jurazuges, der hier den Lokalnamen „Edge" führt (vgl. die „Egge" bei Paderborn), dazu das breite Tal des Soar und westlich von diesem eine Hügelgruppe aus älterem Gestein, Charnwood Forest, wo sich der Bardon Hill bis 270 m erhebt. Es ist eine vorwiegend landwirtschaftliche und zwar viehzüchtende Grafschaft, aber die Hauptstadt Leicester (210 000 Einwohner) ist Industriestadt geworden; ihre Besonderheit ist die Anfertigung von Schuhen und Strümpfen — natürlich durch Maschinen und mit weitgehendster Arbeitsteilung.

Rutlandshire ist die kleinste englische Grafschaft (400 qkm, 20 000 Einwohner), eigentlich nur ein Eckchen von Leicester, ein nettes, hügeliges, ackerbauendes Ländchen.

Northamptonshire (2500 qkm, 245 000 Einwohner) erstreckt sich vom flachen Scheitel der Juraschwelle hinab zum Flüßchen Nen und hat vorwiegend ländlichen, friedlichen Charakter. Rockingham Forest zwischen Nen und Welland ist noch ein wirklicher Waldbezirk; am Nen liegt dort auch Fotheringhay, wo Maria Stuart so lange gefangen gehalten wurde; ein anderer geschichtlich denkwürdiger Ort ist Naseby (Sieg Cromwells 1645); dagegen ist Northampton selbst erzprosaisch, es widmet sich ganz der Schuhfabrikation und der Eisengießerei. Eisensteinlager sind nämlich hier, wie auch sonst, in den unteren Juraschichten häufig und werden ausgebeutet.

Warwickshire (2300 qkm, 350 000 Einwohner); dieses liebliche vom Avon durchflossene Ländchen, dessen Oberfläche zum größeren Teil in Wiesengründen besteht, wird oft wegen seiner zentralen Lage als das Herz von England bezeichnet; es ist die Heimat Shakesperes, seine Burgen und Städte waren im 15. und 16. Jahrhundert die Schauplätze wichtiger Ereignisse und sind noch heute, meist wohlerhalten, ernste, aber nicht unfreundliche Zeugen einer anders gearteten Vergangenheit. Friedlich liegt das saubere Stratford am baumumsäumten Ufer des Avon; die Stadt zehrt behaglich vom Ruhme ihres großen Sohnes, dessen Geburtshaus äußerlich vielleicht etwas zu stark erneuert worden ist und nebst dem Grabmale in der Pfarrkirche alljährlich von Tausenden besucht wird.

Weiter aufwärts am Avon folgt das altertümliche Warwick mit seinem imposanten Schlosse, dem Sitze des „Königsmachers“, nördlich davon das nicht minder malerische Coventry, dem Philologen merkwürdig durch die geistlichen dramatischen Spiele, jetzt übrigens bedeutend in der Herstellung von Uhren und besonders von Fahrrädern.

Zwischen Warwick und Coventry finden wir bei dem gleichnamigen Flecken die umfangreichen Ruinen des Schlosses Kenilworth, wo der ehrgeizige Leicester seine Königin bewirtete, während vielleicht Shakespere als Knabe den Festlichkeiten zusah.

Neu ist die Blüte von Leamington (wenige Kilometer östlich von Warwick), welches sich schnell zu einem glänzenden Kurorte, einer Art englischen Wiesbadens entwickelt hat.

In der südöstlichen Ecke von Warwickshire liegt Rugby, ein an sich nicht bedeutender Ort, dessen Name aber doch in England und darüber hinaus wohl bekannt ist. Erstens ist hier die berühmte Schule, an der Dr. Arnold lange Jahre mit Milde und Takt sein Scepter führte und wo Tom Brown seine Schultage verlebte, ferner ging von eben dieser Schule die schärfere Art des Fußballspieles aus, endlich aber ist Rugby jetzt ein wichtiger Bahnknotenpunkt und eine Hauptniederlassung der Nordwestbahn.

Birmingham und Staffordshire (3000 qkm, 880 000 Einwohner): The Black Country. Die Metropole der Midlands, Birmingham, liegt zwar eigentlich noch in Warwickshire, sie paßt aber so wenig zu dem idyllischen Charakter der Grafschaft und so sehr zu dem des rußigen, geschäftigen Nachbarländchens, daß man sie wohl am besten mit diesem zusammen betrachtet.

Die ganze Gegend westlich und nordwestlich von Birmingham

bis zum Trent nennen die Engländer mit Recht „das schwarze Land“, hier fand man einst unweit der Oberfläche das berühmte, 9 m dicke Kohlenflöz, an dessen Ausbeutung sich eine mannigfache Industrie anschloß, besonders Metallbearbeitung und Porzellanbereitung. Heute ist das große Flöz erschöpft, aber die Industrie ist geblieben und hat im Laufe der Jahrhunderte durch ihre Schlackenhalden, ihre Hochöfen und sonstigen Bauten, ihre Eisenbahnen und besonders ihre endlose Rauchentwickelung streckenweise die Vegetation fast vernichtet die Landschaft ganz entstellt.

So ist denn auch Birmingham mit seinen 520000 Einwohnern eine unschöne, riesige Fabrikstadt, zumal kein großer Fluß oder Höhenzug Gliederung in die wüste Häusermasse bringt. Aber die wirtschaftliche Bedeutung der Stadt ist sehr groß.

Man fertigt hier alle möglichen Arten von nützlichen Metallgegenständen, vor allem aber kleinere Gegenstände, sogenannte „Kurzwaren“ (englisch „hardware“) und ganz besonders Messingwaren. „Was Manchester für die Baumwolle, Sheffield für den Stahl, das ist Birmingham für das Messing.“ Von den Erzeugnissen der Birminghamer Industrie seien genannt Gewehre und andere Waffen, Knöpfe, Stahlfedern, Nadeln, Beschläge, Eßgeschirr, Bestecke u. dgl.

In neuester Zeit ist Birmingham auch politisch hervorgetreten, denn Chamberlain, der eine Zeitlang Bürgermeister der Stadt war, wird von seinen Mitbürgern auch in das Parlament gewählt und jederzeit nachdrücklich unterstützt.

Unter den formlosen, häßlichen Industrieorten von Staffordshire, die sich an Birmingham anreihen, seien erwähnt W o l v e r h a m p t o n, 75000 Einwohner, die größte Stadt der Grafschaft, wo man als Besonderheit Geldschränke, Schlösser und Schlüssel fertigt, und D u d l e y, welches hauptsächlich Ambosse und Schraubstöcke liefert; wie denn überhaupt die örtliche Arbeitsteilung in diesem Lande der Metallindustrie sehr weit vorgeschritten ist.

Weiter nördlich, wo die Kohlenschichten aufhören, hat auch das Industriegebiet eine Lücke; es folgt aber noch eine dichte Gruppe gewerbtreibender Orte am obersten Trent, wo ebenfalls Kohlenflöze vorhanden sind (North Staffordshire-Coal Field). Der Mittelpunkt dieser Gruppe ist S t o k e u p o n T r e n t, mit welchem fünf große Ortschaften schon fast verwachsen oder doch durch Häuserreihen verbunden sind: Tunstall, Burlem, Hanley, Newcastle under Lyme, Longton. Besonders nennenswert ist hier die Porzellanfabrikation, begründet von Josiah Wedgwood, der auch die Kolonie Etruria (westlich von Stoke) gründete. Der ganze Bezirk wird wohl „The Potteries" genannt.

Weiter abwärts am Trent folgt keine bedeutende Stadt bis Burton, wo Bass & Co. ihr berühmtes Burton Ale brauen, welches mit seiner Fabrikmarke (dem roten Dreieck) in alle Welt hinausgeht. Das alte, aber zurückgebliebene Lichfield hat eine schöne Kathedrale als Zeugin einstiger Größe.

Das westliche England.

Es umfaßt die Grafschaften Shropshire, Hereford, Worcester, Monmouth, Gloucester, Somerset und ist im wesentlichen das Zuflußgebiet des Severn und seiner Mündungsbucht, des Bristol Channel. Alle sieben ansehnlichen, abgerundeten und wohlhabenden Grafschaften sind mit Ausnahme von Worcester Grenzgaue („Welsh Marches", „Welsh Border") oder doch Küstenlandschaften.

An der welschen Grenze herrscht nun freilich schon lange Friede, aber zahlreiche Burgtrümmer und wohlerhaltene Stadtmauern erinnern noch an die alte, fehdereiche Zeit. Welsche Namen, welsche Art und Sprache machen sich besonders in Monmouth bemerklich, welches von manchen Geographen überhaupt bei Wales behandelt wird.

Shrophire (Salopshire), 3400 qkm, 240 000 Einwohner, ist im Süden bergig, im Norden ebener, im allgemeinen gut angebaut und hat ein kleines Kohlenfeld bei Oswestry; die einzige bedeutende Stadt ist aber das alte, vom Severn umflossene Shrewsbury (erklärt als „town in the shrubs") mit einem stattlichen Schlosse und lebhaftem Lokalhandel. Das hübsche Durchbruchstal des Severn wurde S. 62 erwähnt.

Die folgenden drei Grafschaften Hereford, 2200 qkm, 115 000 Einwohner, Worcester, 2000 qkm, 360 000 Einwohner, und Gloucester, 3200 qkm, 330 000 Einwohner, stimmen im landschaftlichen Charakter ganz überein, sie sind flachwellig bis hügelig, wohlbewässert, gut angebaut und besonders reich an schönen Wiesen und Obstgärten; eigentlicher Wald fehlt zwar fast, aber der Reichtum an einzelnen Bäumen und Baumgruppen läßt das ganze Land wie einen Park erscheinen. Auch die Dörfer sind viel behäbiger als etwa im nördlichen England. Die Städte sind meist alt und liegen behaglich im Schatten ihrer mächtigen Dome wie Hereford, Worcester und Leominster.

Das meiste gewerbliche Leben hat sich im Severntale selbst entwickelt; Kidderminster webt schöne Teppiche, Worcester am Severn hat Porzellanfabriken, auch liefert es dem fleischhungrigen Engländer die scharfe Würze zu seinem eintönigen Roastbeef; Malvern am Abhange der hübschen Malvern Hills hat Mineralquellen und ist ein besuchter Kurort. Am Fuße der Cotswolds, am linken Ufer des unteren Severn liegt das besonders fruchtbare Tal von Evesham und darin Tewkesbury (wo 1471 Edward IV. von York die Königin Margarete und ihren Sohn Edward von Lancaster besiegte), Cheltenham, ein großer Kurort, und das wichtige Gloucester, welches von kleineren Seeschiffen auf dem leider recht unregelmäßigen Severn erreicht wird. Die Talfahrt bringt Salz von Cheshire und viele Industrieprodukte der Midlands nach Gloucester als Umschlagshafen. Der Haupthafen für das ganze westliche England ist aber Bristol, 330000 Einwohner, am Avon, 10 km von seiner Mündung in den Severnbusen. Bristols Blüte ist ein Beweis dafür, wie konservativ der Seehandel ist und wie eine energische Kaufmannschaft ihn festzuhalten weiß. Als der schmale und zur Ebbezeit ganz seichte Avon den immer größer werdenden Schiffen nicht mehr genügte, grub man ihm einen neuen Lauf und benutzte das alte, inzwischen stark vertiefte, sowie durch Schleusen abgesperrte Flußbett als Hafen. Neuerdings legte man am Severn den Ort Avonmouth mit großen Docks als Vorhafen an, und ganz kürzlich hat die Stadtgemeinde diese Anlagen in eigene Verwaltung übernommen. Bristol unterhält besonders Handelsbeziehungen zu Westindien, Südamerika, dem Schwarzen Meere und Irland; auch eine lebhafte Industrie in Zucker, Tabak und Glas hat sich entwickelt. Um der Stadt eine bessere Verbindung mit Wales zu schaffen, hat man nordwestlich unter dem Severn einen 7 km langen Eisenbahntunnel angelegt. Dicht unterhalb der Stadt bildet der Avon eine malerische Schlucht; dort liegt Clifton mit großen Hotels, Parks und Sportplätzen.

Weiter aufwärts am Avon, schon ganz im Juragebirge, sprudeln heilkräftige, warme Quellen, welche schon den findigen Römern nicht entgingen, die hier ihre „Aquae Solis“ anlegten*) und Generationen hindurch daselbst Stärkung und Erholung suchten. Es ist das englische Bath, deutsch „Bad(en)“, blühte noch einmal im Zeit-

*) Die Angelsachsen nannten den Ort æceman's ceaster, „Siechenstadt“.

alter der Queen Anne, wie die Romane aus jener Literaturperiode zeigen, kam dann aus der Mode, wurde mehr Pensionopolis und Rentnerheim, ist aber immer noch eine der schönsten englischen Städte, besonders wegen des festen, marmorähnlichen Bausteins, den der Jurakalk liefert.

Im übrigen ist Somerset, 4300 qkm, 385000 Einwohner, mit seinen Hügelketten, seinen breiten Niederungen*), seiner Flachküste ein ziemlich stilles Eckchen von Altengland; die große Kathedrale in dem kleinen Wells (ein in England sehr häufiges Verhältnis) und Glastonburys altertümliche Häuser sind anziehend genug, aber der große Verkehr meidet die Grafschaft.

Monmouth (1600 qkm, 230 000 Einwohner) mit den gartengleich angebauten Tälern von Wye und Usk ähnelt im allgemeinen den Severngauen, im Nordwesten aber hat es Anteil an dem Kohlenlager von Südwales und daher zahlreiche Zechen, Fabriken, Schleppbahnen, rußige Ortschaften; der Hauptort dieses Bezirkes ist Ebbw Vale, seine Ausfuhrhäfen sind Newport und Chepstow. Monmouth selbst liegt an der Mündung des Monnow in die Wye in dem ackerbauenden Teile der Grafschaft.

Wales.

(19100 qkm, 1,6 Millionen Einwohner.)

Dieses Fürstentum ist schon so lange mit England vereinigt (seit Eduard I. 1284), daß politische Sonderbestrebungen nicht zu fürchten sind, wohl aber besitzen die Walliser ein kräftiges Heimatgefühl, welches sich besonders in der Pflege ihrer keltischen Sprache und Dichtung betätigt. Anderseits kann man nicht sagen, daß England viel getan hätte, um das Land kulturell zu heben; der allergrößte Teil von Wales ist ganz dünn bevölkert, nur von Seebädern und kleinen Hafenorten umsäumt. Die materielle Blüte von Südwales beruht hauptsächlich auf den dort vorhandenen Mineralschätzen. Allerdings ist das Gelände offener, der Boden fruchtbarer als im Norden.

Glamorganshire**) heißt dieser von dem Reste des Landes so verschiedene Bezirk. Fast die gesamte Bodenfläche (außer dem

*) In diesen liegt auch, am Parret, Athelney, König Alfreds Zufluchtsort.

**) Größe und Einwohnerzahl der wallisischen Counties sind, als von geringem Interesse, weggelassen.

Küstensaum) besteht aus Schichten der Steinkohlenformation mit zahlreichen Flözen und einer sehr guten Kohle (Anthrazit). Da außerdem auch guter Eisenstein vorhanden ist, so entwickelte sich hier ein echter Industriebezirk mit Hunderten von Zechen und Hochöfen, dessen Mittelpunkt das 70 000 Einwohner zählende, aber unschöne Merthyr Tydfil bildet. Zahlreiche Industriebahnen verbinden die Werke und führen Kohle und Eisen nach den Ausfuhrhäfen des Bezirks: Swansea, Neath und Cardiff. In Swansea, 95 000 Einwohner, hat sich, angelockt durch die Billigkeit der Kohle und einen Stamm von geschulten Arbeitern, allmählich die Verhüttung von eingeführten Kupfererzen außerordentlich entwickelt, und durch die Herbeischaffung der Erze und die Wiederausfuhr des Metalls (sowie verzinnter und kupferner Gegenstände) ist auch der Hafenverkehr der Stadt sehr be eutend geworden.

Cardiff, 165 000 Einwohner, dagegen ist vor allem Kohlenhafen. Zu Dutzenden liegen die schwarzen, unansehnlichen Kohlendampfer aller Nationen im Hafen, die trübseligsten Gesellen, die das Meer befahren. Da die Kohle übrigens aus einiger Entfernung kommt, so ist die Stadt selbst nicht so verräuchert wie das stets in Kupferdämpfe gehüllte Swansea, und schmuck schaut die alte Normannenburg auf die hügelige Häusermasse hinab. Cardiff liegt wie Merthyr Tydfil am Taff; Taff-Vale heißt das Kohlenrevier oft, und nördlich von Cardiff liegt Llandaff*), Bischofssitz mit einer alten, sehr interessanten Kathedrale.

Die hügelige Halbinsel Gower, westlich von Swansea, hat keinen Anteil an den Mineralschätzen des übrigen Glamorgan, aber eine ganz prächtige Steilküste im Süden mit kleinen, schön gelegenen Badeörtern.

Das westliche Wales, mit den Grafschaften an der Carmarthen- und Cardiganbucht: Carmarthen, Pembroke, Cardigan, Merioneth, ist ein stilles, waldloses Bergland mit malerischer Felsküste, aber wegen der schlechten Verbindung mit dem Hinterlande ohne bedeutende Häfen. Auch der Versuch, an der prächtigen Milfordbucht einen modernen Hafen zu schaffen, ist mißlungen, und die weitläufigen Anlagen sind verödet. Auch die Countyhauptorte Carmarthen, Pembroke, Cardigan sind stille Städtchen, dagegen sind als Seebäder aufgeblüht:

---

*) Llan heißt auf cymrisch „Kirche“.

Tenby, an der Südküste von Pembrokeshire, und Aberystwith an der Cardiganbucht. Mit Recht berühmt wegen seiner stolzen Lage an einem Bergvorsprung hoch über Meer und Küstenebene ist Schloß Harlech („The men of Harlech" ist auch ein bekanntes wallisisches Marschlied).

In Aberystwith haben sich die bildungseifrigen Walliser ein „University College" geschaffen, welches mit den verwandten Anstalten in Bangor und Cardiff seit 1893 die „University of Wales" bildet.

Das nördliche Wales, wozu wir die Grafschaften Carnarvon, Denbigh, Flint rechnen, war im Mittelalter, als das Land unter englische Herrschaft kam, der wichtigste Landesteil. Darum baute dort der starke Edward I. seine Zwingburgen, Conway, Bangor, Beaumaris (auf Anglesey) und vor allem Carnarvon mit dem Adlerturm, wo er den Wallisern in seinem neugebornen Sohne ihren „im Lande geborenen" Fürsten zeigte, „der kein Wort Englisch verstand", den ersten Prinzen von Wales. Jetzt ist hier wenig selbständiges wirtschaftliches Leben außer in Flintshire, wo man bei Wrexham Kohlen fördert und am Nordabhange der Snowdongruppe südlich von Bangor, wo die berühmten, terrassenförmig abgebauten Schieferbrüche von Penrhyn ihre reiche Ausbeute liefern. Im übrigen läßt das reiche England dem armen Ländchen doch die Guineen tropfen- bis stromweise zukommen, denn dies Nordwales, vor allem die Snowdongruppe („Snowdonia") ist einer der besuchtesten Touristenbezirke der Insel. Sind auch die Höhen nur mit unserem Harze zu vergleichen, so sind doch die Formen großartiger, die Nähe der See gibt den Landschaftsbildern weite, große Züge und läßt die Höhen bedeutender erscheinen.

Zahlreiche kleine Bergseen, rauschende Bäche und Wasserfälle beleben die Täler und söhnen uns mit der Kahlheit der Gehänge aus. Daß die Bahnverbindungen und Wege vorzüglich sind, ist beinahe selbstverständlich; die Engländer verstehen es, die Erholung der großstädtischen Massen zu organisieren.

Llanberis nordöstlich vom Snowdon zwischen zwei kleinen Seen, also eine Art Interlaken, ist das Hauptquartier für die Besucher der Berggruppe, und von da führt auch eine Bahn auf den Gipfel. An der Küste liegt noch der prächtige Badeort Llandudno an der sichelförmigen Bucht zwischen den Vorgebirgen Great und Little Orme's Head.

Die 800 qkm große Insel Anglesey (das ist Insel der Angeln, vorher hieß sie Mona) ist trotz ihrer bunten geologischen Zusammensetzung flach und einförmig, ferner baumlos und ohne größere Ortschaften. Aber sie ist für den Post- und Personenverkehr wichtig, weil sie den (See-)Weg nach Irland abkürzt; darum hat man auf der kleinen, westlich vorgelagerten Insel Holyhead, die außerdem Dublin gerade gegenüberliegt, einen schönen, sichern Hafen erbaut, diese Insel an Anglesey angeschlossen und letzteres dann mit dem Festlande durch zwei große Brücken über die Menaistraße verbunden: die Britannia Tubular Bridge (eine doppelte vierkantige Eisenröhre für die Eisenbahn) und die Menai Suspension Bridge (für die Landstraße).

Das wallisische Binnenland (Grafschaften: Montgomery, Radnor, Brecknock), das Zuflußgebiet von Dee, Severn, Wye und Usk, rechtfertigt sicherlich das oben gefällte Urteil, daß Wales unter englischer Herrschaft vernachlässigt ist. Eine gottverlassenere Gegend inmitten eines großen Kulturlandes kann man sich kaum denken: nichts als kahle Berge, einsame Gründe, vertorfte Hochflächen, hie und da eine zerstreute Schafherde oder eine dürftige Steinhütte, so stellt sich das östliche Wales dar. Regeres Leben herrscht nur in einigen Haupttälern, im Vale of Llangollen im Norden, im Severntal bei Welshpool.

Zur Milderung muß man aber anführen, daß in Britannien überhaupt der Ackerbau sich an die fruchtbaren Ebenen hält und die Gebirge meidet. Das mühsame Ackerwerk des mitteldeutschen Bauern, der bergauf—bergab seine Furche zieht, ist dort fast unbekannt, ebenso leider auch das sorgsame Wirken des Forstmannes.

In Wechselwirkung mit diesen Verhältnissen steht dann die oben beschriebene verheerende Erosionstätigkeit der Bergwässer.

In der einsamen Gegend konnte sich freilich das keltische Volkstum um so besser erhalten, und vor allem die Ortsnamen sind noch durchweg keltisch und für die Landesfremden schwer aussprechlich.

Der Südwesten Englands.

Devonshire (6700 qkm, 435000 Einwohner) und Cornwall (3500 qkm, 320000 Einwohner) bilden ohne Zweifel eine einheitliche Landschaft von ganz maritimem Charakter.

Schon das breite Devonshire erstreckt sich von Küste zu Küste (während der Isthmus weiter östlich in Dorset und Somerset getrennt ist);

weiter westwärts rücken sich die Küsten immer näher, Seewind, ja salziger Seeschaum fegen über das schmale Landhorn, zugleich aber kommt das milde, maritime Klima zur vollen Ausprägung. Und welche Reize entfalten sich an der steilen Küste, welche herrlichen Häfen öffnen sich für Fischerboot, Handelsschiff und Kriegsfahrzeug! Dabei ist das bergige Innere der beiden Grafschaften auch keineswegs reiz- und segenlos; zwar sind die windgefegten Höhen nur mit Heide und Moor bedeckt, auch sind die Zinn- und besonders die Kupferminen fast erschöpft, aber die Täler sind fruchtbar, geschützt und baumreich. Hier gedeihen frische Gemüse und Kartoffeln für den Londoner Markt, die reiche Obsternte dient z. T. zur Bereitung von Cider (Obstwein). Der granitische Boden liefert schönen Baustein und als Verwitterungsprodukt Kaolin (Porzellanerde) für die „Potteries".

Doch liegen im Innern keine bedeutenden Städte; wir müssen sie an der Küste suchen und beginnen in Südosten: Axmouth und Sidmouth sind kleine Häfen ohne gute Verbindungen; Exmouth aber ist der neuere Vorhafen für die alte Bischofsstadt (und Römerfeste) Exeter, deren Flußhafen (die Exe) nur kleine flachgehende Schiffe trägt. Exeter ist als natürlicher Mittelpunkt eines wohlhabenden Bezirks immer noch ein ansehnlicher Platz und erfreut sich eines gesunden, organischen Wachstums, einer freundlichen, behäbigen Physiognomie, wie wir sie fast nur im südlichen England finden.

Torquay dagegen ist eine stolze, modische Schöne, amphitheatralisch von der Tor Bay aufsteigend (für Norddeutsche mit Blankenese vergleichbar), eine Fürstin unter den Badestädten dieser Küste. Brixham ist eine wichtige Station für die devonische Fischerflotte. Ganz einzig ist die Lage von Dartmouth am Ausgange eines schmalen fjordartigen Ästuars mit steilen, bergigen Ufern. An der schmalsten Stelle wacht das alte Schloß, von dem aus man früher mit Ketten die Einfahrt sperren konnte; jetzt ist Dartmouth zurückgegangen, hat aber noch eine berühmte Marineschule.

Sein Rückgang kann uns nicht wundern, wenn wir uns die herrliche Lage seiner großen Nachbarstadt Plymouth in Karte und Bild klarmachen. Hier war allerdings der gegebene Stützpunkt für Englands Seemacht im Südwesten des Inselreiches. Mit breiten und tiefen Armen streckt sich ein Ästuar in das leicht hügelige Gelände hinein, bald hie, bald da sich seeartig erweiternd. Es galt nur, die breite Mündung durch einen Wellenbrecher zu schützen (seit 1840 besteht ein solcher, 1600 m langer Damm aus Granitblöcken), und sichere Ankerplätze für die größten Flotten waren vorhanden. Zur Befestigung boten sich felsige Halbinseln und Inselchen von selbst dar. So erwuchs denn hier in Plymouth Englands zweite Flottenstation, energisch vorgeschoben gegen den Ozean, reich versehen mit Docks, Arsenalen, Werkstätten, Hospitälern; aber auch ein Handelshafen, denn der Passagier- und Postverkehr sucht den Seeweg immer möglichst abzukürzen, und insofern ist Plymouth Southampton überlegen.

Die auf lauter Halbinseln liegende Stadt besteht aus mehreren Teilen mit verschiedenen Namen.

Plymouth ist die City, die Geschäftsstadt, Stonehouse ist voller Kasernen, Marinewerkstätten u. dgl., Devonport ist das fashionable Westend, enthält aber anderseits auch die größten Docks. Die Einwohnerzahl beträgt zusammen 110 000.

Plymouth hat auch landeinwärts eine entzückende Umgebung; zu Schiff und zu Lande kann man Ausflüge machen in die malerischen Täler des Tamar und des Tavy und aus ihnen hinaufsteigen in die schwermütige Einsamkeit von Dartmoor.

Gehen wir an der Küste weiter nach Westen, so kommen wir wirklich in Verlegenheit, welcher von den so hübsch gelegenen und auch für die Schiffahrt brauchbaren Hafenstädten man den Preis zuerkennen soll. Nennen wir Fowey, Truro, Falmouth. Jedes hat seine tiefe geschützte Bucht, und es wird uns klar, wie sehr doch England einem Lande wie Deutschland in seiner Küstenentwickelung überlegen ist. Im Notfall wäre aus jeder dieser Buchten ein Kiel oder Wilhelmshaven zu machen; aber — England hat eben noch größere und bessere Ankerplätze für seine Flotte. Jedenfalls aber lebt an diesen Buchten ein kräftiges, seetüchtiges Geschlecht von Fischern und Küstenschiffern, eine unerschöpfliche Reserve für die britische Kriegsflotte.

An der breiten Mount's Bay zwischen den Felsennasen der Lizard und des Land's End erhebt sich wie ein Märchenschloß auf einer kleinen Felseninsel die Burg St. Michael's Mount, und westlich davon liegt das wohlhabende Penzance, einst Fischerdorf, jetzt klimatischer Kurort. Die Nordküste der Halbinsel ist nicht weniger romantisch als die Südküste, größere (Buchten und) Siedelungen fehlen aber; Barnstaple hat keinen guten Hafen. Mit Recht berühmt ist aber Ilfracombe wegen seiner wahrhaft großartigen Felsszenerie, durch welche es unter den vielen schönen englischen Seebädern einen besonderen Platz einnimmt. Zur Grafschaft Cornwall gehören auch die felsigen Scillyinseln, auf deren beschränktem Raume das milde Klima die Kultur früher Blumen und Gemüse für die Londoner Markthallen ermöglicht.

Der Süden Englands.

(Grafschaften: Dorsetshire, Wiltshire, Hampshire, Sussex.)

Wir kommen nun in die freundlichsten Teile von England, wo auf recht fruchtbarem, an Kohle und Metall armem Boden die Landwirtschaft noch das Hauptgewerbe ist, wo die milde Luft nicht beständig durch Fabrikqualm getrübt wird, wo freundliche alte Städte noch an die besten Zeiten des „Merry Old England“ erinnern.

Dorsetshire (2500 qkm, 200000 Einwohner) ist hügelig, die Küstenlinie ganz glatt und hafenlos bis zur Isle of Portland, in deren Windschatten die künstlich geschützte Reede Portland Roads liegt. Von seiner eigentümlichen Lage abgesehen ist Portland in Deutschland nur durch den Portlandzement, in England mehr durch das große Staatsgefängnis bekannt. Gleich nördlich liegt das vornehme Weymouth, welches der Weymouthkiefer den Namen gegeben hat, denn, wie S. 30 erwähnt, ist hier Nadelwald vertreten.

Die Isle of Purbeck, eigentlich eine Halbinsel, liefert guten Baustein (Purbeckmarmor), Poole am Poole Harbour ist kein unbedeutender Hafen. Im Innern von Dorsetshire ist nur erwähnenswert die Hauptstadt Dorcester, die sich durch ihren Namen gleich als Römergründung verrät, es ist das alte Durnovaria.

Wiltshire (3500 qkm, 270000 Einwohner) berührt die Küste nicht. Die Grafschaft mit ihren wasserarmen Kreiderücken ist nicht dicht bevölkert und treibt meist Schafzucht, doch sind die Täler des Avon und seiner Zuflüsse, wo das oben eingesickerte Wasser hervortritt, um so saftiger und fruchtbarer. Die alte Hauptstadt ist Wilton am Wily; die jetzige Salisbury, eine Bischofsstadt, deren Kathedrale man wegen ihres milden, freundlichen Gesamteindrucks die Königin der englischen Kathedralen genannt hat, wie den ernsteren, strengeren Dom zu Winchester ihren König. Die übrigen freundlichen Landstädtchen von Wiltshire haben fast nur lokale Bedeutung, dagegen ist Swindon in dem großen Längstale nördlich der Downs, eine

Hauptstation der großen Westbahn mit Werkstätten und Niederlagen aller Art*).

Hampshire (4200 qkm, 450000 Einwohner) ist ein rechter Repräsentant des heiteren, sonnigen Südenglands; und es sei hier bemerkt, daß der Unterschied zwischen Norden und Süden doch in den einzelnen Ländern Europas gleichmäßig wiederkehrt: Südengland — Nordengland, Süddeutschland — Norddeutschland, Südfrankreich — Nordfrankreich — schon der Klang weckt jedesmal ganz verschiedene Vorstellungen.

Eine Stadt wie das freundliche Winchester, wo sich an die wohlerhaltenen Denkmale der Vergangenheit, die mächtige Kathedrale und die Domschule, die alten Tore, die Burg, harmonisch und organisch neuere Heimstätten gelagert haben, wo das gesellschaftliche Leben auch fein und gesetzt pulsiert, unterscheidet sich von irgend einer ruppigen Fabrikstadt Nordenglands gerade so wie etwa Rotenburg a. d. Tauber oder Ulm von Herne in Westfalen.

Winchester war die alte Sachsenhauptstadt; seit 1901 steht dort auch ein würdiges Denkmal Alfreds des Großen.

Ist Hampshire im allgemeinen ein „lustig Ländchen" mit grünen Hügeln und Hainen, luftigen Allmenden, wogenden Kornfeldern, sperrigen Hopfenpflanzungen, so hat es durch seine glückliche Küstenbildung (vgl. S. 29) auch großen Anteil an Englands Seegeltung. Southampton, 105000 Einwohner, auf seiner sanft ansteigenden Landzunge zwischen den Flüssen Itchin und Test, ist von allen großen englischen Hafenstädten die sauberste, ja eleganteste. Seine Bedeutung liegt im transozeanischen Personenverkehr und beruht zum größten Teil auf den fremden Schiffen, die es anlaufen, vor allen den deutschen Schnelldampfern, doch fahren z. B. auch alle P. & O.**)-Dampfer von hier ab. Es ist mit der Bahn in nur 1½ Stunden von London zu erreichen.

Der noch heute waldreiche Bezirk des New Forest, westlich von Southampton Water, wurde S. 11 erwähnt, in dem dazu gehörigen Küstenstreifen liegt Bournemouth, ein vornehmes Seebad mit felsigem Strand. Ganz im Nordosten der Grafschaft breitet sich bei Aldershot eine große Sandfläche (tertiären Ursprungs) aus; dort hat das eng-

*) Die englischen Bahngesellschaften haben ihre „Zentrale" meist an kleineren Orten, weil dort Grund und Boden und Arbeitskräfte billiger sind.

**) Peninsular and Oriental.

lische Heer seinen ältesten Übungsplatz. Ein zweiter ist jetzt auf dem ebenfalls wertlosen Boden von Salisbury Plain errichtet worden.

Was Southampton für den friedlichen Ozeanverkehr und noch mehr als das ist Portsmouth für die englische Kriegsmarine. Es liegt, wie der Name sagt, an der Mündung eines großen, natürlichen Hafens, von dem heute nur die seenächsten, tiefsten Teile benutzt werden, während der alte Römerhafen Porchester (Portus Magnus) am innersten Winkel lag. Portsmouth hat alle die bei Plymouth erwähnten militärischen Einrichtungen, ist aber von beiden der ältere und wichtigere Platz. Im Leben und Treiben der Stadt beherrscht der Soldat und der Matrose das Feld (ein seltener Fall in England!).

Die Stadt ist aus mehreren Ortschaften zusammengewachsen: Portsmouth, Portsea, Landport, Southsea und, westlich der Einfahrt: Gosport, mit zusammen 190000 Einwohnern. — Im Hafen liegt Nelsons Flaggschiff, die ehrwürdige, hölzerne „Victory“, die als Kasernenschiff dient, zugleich aber ein Nationalheiligtum bildet. Die Stadt, der Hafen und die Reede Spithead sind stark befestigt.

Die Insel Wight. Nicht die geringste Gunst von den vielen, die Albion zu teil wurden, ist es, daß im Laufe der geologischen Vorgeschichte aus dem hübschen Südengland noch ein besonders hübsches Stück „herauspräpariert“ und fein mit Wasser umgeben wurde, um ja alle Befleckung durch die Großindustrie abzuwehren, eine Mainau, eine Pfaueninsel im großen. Ganz Wight hat mildes Klima und ist wie Irland eine „grüne Insel“ zu nennen, aber besonders begünstigt ist doch die Südküste; da liegt im Schutze eines westöstlich gerichteten steilen Höhenzuges eine fruchtbare Terrasse, das sogenannte Undercliff, wo Myrte und Lorbeer, Feige, Zypresse und Fuchsie im Freien überwintern. Neuerdings haben sich hier klimatische Kurorte entwickelt, Ventnor, das englische Nizza, Shanklin mit romantischen Schluchten, Freshwater mit kühngeformten Kreideklippen. Im Norden ist die Insel eingekerbt durch das Ästuar eines kleinen Flusses (Medina), dort liegt Cowes, das Hauptquartier des vornehmen (weil kostspieligen) Segelsports und in der Nähe Osborne House, erbaut nach Plänen des Prinzen Albert und noch nach seinem Tode der Lieblingsaufenthalt der Königin Viktoria, die dort auch starb. Carisbrooke Castle, etwa im Mittelpunkt der Insel, erinnert an Karl I., der hier gefangen saß, und an seinen vergeblichen Fluchtversuch.

Sussex, das Land der Südsachsen, ist mit 3800 qkm und 410 000 Einwohnern schon eine große Grafschaft und zerfällt auch politisch in eine West- und eine Eastdivision. Das Innere von Sussex umfaßt das wellige Gebiet der Wealdformation, ist fruchtbar, wo diese Formation tonig, steril, wo sie sandig ausgebildet ist. Der auch darin vorhandene Eisenstein wird nicht mehr verhüttet (doch sind z. B. noch die Gitter vor der St. Pauls-Kathedrale in London aus Sussexer Eisen). Überhaupt hat Sussex kaum Industrie und da die trocknen South Downs nur zur Schafzucht taugen, so liegt der Schwerpunkt der Grafschaft in dem flachen Küstenstreifen.

Hier sind nun zwar zahlreiche, alte Siedelungen vorhanden, allein ihre Häfen genügen neueren Ansprüchen nicht mehr, und die noch blühenden danken es ihrer Umwandlung zum Seebade. Dies gilt für Worthing, Brighton, Eastbourne und Hastings, unter denen es Brighton (früher Brighthelmstone) sogar zur Großstadt gebracht hat (mit 125 000 Einwohnern). Freilich ist die glänzende, geräuschvolle, aufdringlich am Strande hingelagerte Stadt nur eine Badekolonie von London; viele Londoner Geschäftsleute wohnen sogar in Brighton und machen täglich die einstündige Eisenbahnfahrt hin und zurück.

Stiller und vornehmer sind Eastbourne (in unmittelbarer Nachbarschaft der Kreideklippen von Beachy Head) und Hastings mit seinen großen geschichtlichen Erinnerungen; in der Nähe liegt das Schlachtfeld von 1066 und auf diesem die Battle Abbey. Bei Pevensey zwischen Eastbourne und Hastings landete Wilhelm der Eroberer.

Landeinwärts liegen im westlichen Sussex Chichester mit schöner Kathedrale und Arundel mit großartigem Schlosse der katholischen Herzöge von Norfolk, der ersten — weltlichen — Peers des Reiches, unter deren Schutze das Städtchen eine katholische Mehrheit behielt.

Die südöstlichen Grafschaften (das Themsegebiet).

Es sind links der Themse (die durchweg ein Grenzfluß ist*)): Oxford, Buckingham, Hertford, Middlesex, Essex; am rechten Ufer: Berkshire, Surrey, Kent.

*) Und zwar, nach Mackinders einleuchtender Darstellung, weil das alte, feste London die Angelsachsen verhinderte, einfach stromaufwärts vorzudringen, sodaß sie, von Nordosten bezw. Südosten ausholend, erst an der Themselinie wieder zusammentrafen und dann diesen Fluß zur Grenze ihrer verschiedenen Kolonien bestimmten.

Gemeinsam ist allen der freundliche, sanfthügelige Landschaftscharakter, durch das Flußsystem der Themse die Kulturbeziehung zur Metropole London, durch das nahe Meer diejenige zum Kontinent.

Über den Lauf der Themse vgl. S. 61.

Zwar ist (abgesehen von dem tidal river) die Binnenschiffahrt auf der Themse und ihren Nebenflüssen nicht bedeutend, aber die Verkehrswege folgen doch den breiten, fruchtbaren Tälern, wo sich auch die Siedelungen aneinander reihen, während die kalkigen Höhen den Weideflächen oder dem Walde überlassen blieben. Kohle und Metalle fehlen dieser aus jungen Formationen (Jura, Kreide, Tertiär) aufgebauten Hügellandschaft ganz, daher ist die Industrie gering, und die Landwirtschaft herrscht vor. Die Städte sind, von gewissen Zentren geistiger, religiöser und politischer Kultur abgesehen, mäßig große, behagliche „Kreisstädte". Die Angelsachsen haben sich im Themsegebiet bald und so gründlich heimisch gemacht, daß Orts- und Flurnamen ein echt germanisches, niederdeutsch anmutendes Gepräge tragen.

Oxfordshire (2000 qkm, 135000 Einwohner), hauptsächlich das breite Tal der oberen Themse (Isis) und des vom Jura kommenden Cherwell, ist ein durchaus landwirtschaftlicher Bezirk. An der Vereinigung der beiden Flüsse erwuchs aus geistlichen Stiftungen der angesehenste Musensitz Altenglands, das schöne Oxford, eine giebel-, turm- und kuppelreiche Stadt inmitten saftiger, baumbeschatteter Wiesen, eine stimmungsvolle Mischung ehrwürdiger, mittelalterlicher Einrichtungen mit modernem Komfort und jugendlichem Sportbetriebe. Trotz allem, was gegen die veraltete Lehrweise dieser vorwiegend philologisch-theologischen Alma Mater gesagt wird, bezeugen Kenner Oxfords, daß Englands Jugend um diese den Versuchungen der Großstadt entrückte Stätte harmonischer Ausbildung wohl zu beneiden ist.

Von Oxford nur durch die Themse getrennt ist Berkshire (1900 qkm, 180000 Einwohner), eine echte Sachsengrafschaft. Hier ist (im Nordwesten) das White Horse Valley (vgl. S. 55), hier liegt am Nordabhange der Downs: Wantage, der Geburtsort König Alfreds.

Die größte Stadt ist Reading am Einflusse des Kennet in die Themse, in England bekannt durch seine Biskuitfabrikation; bemerkenswert ist auch das University Extension College, das erste seiner Art. Der Stolz von Berkshire aber ist die königliche Residenz Windsor am Südufer der Themse in der östlichen Ecke der Grafschaft.

Das ist nun ein Königsbau, wie er nur in einem Staate mit langer und kontinuierlicher Geschichte denkbar ist; nicht ein Hofbaumeister hat ihn in ein paar Jahren oder Jahrzehnten hingestellt, nein Römer(?), Sachsen, Normannen; Plantagenets, Tudors, Stuarts alle haben daran gebaut und doch schließlich ein harmonisches Gesamtbild geschaffen, in welchem vor allem wirksam hervortreten: der mächtige Rundturm in der Mitte und am Westende das gotische Kirchenschiff mit seinen Strebebögen. Zum Schlosse gehört auch ein großer, herrlicher, wildreicher Park mit manchen echten Waldstücken.

Buckinghamshire (2000 qkm, 195000 Einwohner) ist noch heute, wie sein Name andeutet, ein Buchenländchen. Besonders schöne Buchenstämme (einzeln und in Hainen) stehen auf den Chilternhügeln, welche die ganze Grafschaft durchziehen (berühmt ist die Gruppe der uralten, knorrigen Burnham Beeches nordwestlich von Slough). Nördlich von den Chiltern an der Themse erstreckt sich das fruchtbare Tal von Aylesbury. Südlich der Hügel, an der Themse und gerade Windsor gegenüber liegt Eton mit der vornehmsten höheren Knabenschule Englands. Die „Eton boys“ sind in ihrer Art schon gentlemen, gehen stets im schwarzen Anzug mit steifem, weißen Kragen und Zylinderhüten. Sie liefern den Ersatz für die exklusivsten Kollegien in Oxford oder Cambridge, sind aber auch firm in allen Sports, in litteris freilich weniger bewandert (mit rühmlichen Ausnahmen!).

Die ganze Themsestrecke zwischen Oxford und Buckinghamshire einerseits und Berkshire anderseits ist sehr anmutig und wird von Ruderbooten viel befahren.

Hertfordshire (1600 qkm, 260000 Einwohner) liegt ganz am Südgehänge des großen Kreidezuges und ist das Sammelgebiet des Flüßchens Lea, welches innerhalb Londons in die Themse mündet. Überhaupt weisen hier schon alle Beziehungen nach der nahen Millionenstadt hin; die Bevölkerung ist dichter als sonst in den südöstlichen Grafschaften, man baut eifrig Gemüse und Obst für die Londoner Märkte, und die Quellen der Kreidehügel liefern einen großen Teil des Londoner Trinkwassers (älteste Leitung der sogenannte „New River“). Die Hauptstadt Hertford liegt da, wo sich die meisten Quellflüßchen der Lea vereinigen, und pflegt noch ein altes, bodenständiges Gewerbe, die Strohflechterei. St. Albans, das römische Verulamium, hat eine sehr alte Klosterkirche.

Die kleine Grafschaft Middlesex (700 qkm, 790000 Einwohner)

füllt das allmählich sich senkende Gelände zwischen Hertfordshire und der Themse, liegt ganz im Banne der Hauptstadt und ist dank dem gesunden englischen Wohnsystem bestreut mit netten kleinen Villen- oder vielmehr meist Cottagekolonien, wobei man sich unter cottage allerlei vom Arbeiterhäuschen bis zu einer bescheidenen Villa denken mag. Zwischen diesen Häusergruppen, die durch zahlreiche radiale Schienenstränge mit London verbunden sind, bleibt doch noch Platz genug für Felder, Wiesen, Hecken, Gebüsch und Parks, um den Eindruck des Landlebens hervorzurufen. Auf einem ziemlich isolierten Hügel in Middlesex liegt der kleine Ort Harrow mit der berühmten Schule, in welcher u. a. Byron erzogen wurde. Weit und schön ist der Rundblick von Harrows Kirchhof.

Weit mehr selbständiges Leben als Middlesex hat die größere östliche Nachbargrafschaft Essex, das Land der Ostsachsen (4000 qkm, 815 000 Einwohner), von Middlesex getrennt durch das sumpfige Tal des unteren Lea. (Man beachte, daß der Name Wessex verschwunden ist; sein Bezirk steckt hauptsächlich in Wiltshire, Berkshire und Hampshire.) Für den zunächst an London grenzenden Teil von Essex gilt auch das von Middlesex Gesagte mit der Besonderheit, daß hier, dem Charakter des östlichen Londons entsprechend, hauptsächlich Arbeiter wohnen, die von der „demokratischen" Great Eastern Railway zu staunenswert billigen Preisen befördert werden. Menschenreiche „Wohnplätze" sind hier unter anderen Leyton, Walthamstow, Eastham mit je 100 000 Einwohnern. Weiter östlich aber finden wir einen fruchtbaren hügeligen Binnenbezirk mit besonders vielen Ziegeleien (in tertiärem Ton!) und eine eigentümlich „amphibisch" gestaltete Küstenlandschaft (vgl. S. 34) mit weit eingreifenden, seichten Ästuaren (Creeks genannt), einem meist flachen, bei Ebbe weithin entblößten Strand, mit Inseln, Halbinseln („Nasen") und Sandbänken. Für die Schifffahrt ist diese Küstenform nicht eben günstig, doch erwuchs am Colne, noch im Flutbereich, die Römergründung Colchester, jetzt bekannt durch gute Austern, ferner auf einem an tiefes Wasser heranreichenden Vorsprunge an der Stourmündung: Harwich, wichtig als Fischerhafen und Überfahrtsplatz nach dem Kontinent (Hoek von Holland); auch haben die Londoner ein paar Badeorten zur Blüte verholfen, unter denen Southend an der Themsemündung erwähnt sei.

Surrey (altenglisch suthrice = Südreich*), 2000 qkm, 520 000 Ein-

*) Nämlich der Mittel- und Ostsachsen.

wohner) kann, nachdem man das unschöne, meist industrielle Südlondon von ihm abgetrennt hat, als eine der freundlichsten Grafschaften bezeichnet werden, wie denn überhaupt die hügelige, baumreiche Umgegend Londons von allen Reisenden mit Recht gelobt wird. Zu Surrey gehört das schöne Themseufer vom Windsor Park bis London mit Hampton Court (Erzbischof Wolseys Palast), Kingston, wo die englischen Könige geweiht wurden, und Richmond, dessen herrlicher Ausblick ins Themsetal nicht nur von Dichtern gerühmt wird; zu Surrey gehören aber auch im Süden die abwechselungsreichen Hügel der North Downs, in denen man gar nicht weit von London ganz stille, idyllische Erdenwinkel findet. In einer der zahlreichen Lücken der Downs liegt das reizende Städtchen Guildford, welches den Fremden gleichsam phäakenhaft anmutet und einem über die industrielle Verunstaltung seines Vaterlandes betrübten Engländer das Trostwort entlockte: „Gottlob, noch haben wir Guildford, Winchester und andere Städte ihrer Art!“ Nicht weit von Guildford, bei Godalming, liegt die angesehene Charterhouse School, etwa nächst Eton, Harrow, Rugby rangierend, in Deutschland bekannt durch Hausknechts englisches Lehrbuch.

Jungen Ursprungs ist Croydon am Nordfuße der Downs, mit 110000 Einwohnern, aber ohne selbständiges Leben; viele Londoner Geschäftsleute wohnen dort. Bei dem nahen Epsom wird auf dem feinen und dichten Rasen der Downs alljährlich das Derby gelaufen, Englands größtes Pferderennen.

Kent (4000 qkm, 935000 Einwohner) heißt mit Recht „der Garten von England“, denn in dieser anmutigen Landschaft ist fast jedes Fleckchen Erde sorgfältig angebaut und zierlich gehalten.

Die Oberfläche ist einfach und symmetrisch gestaltet, denn Kent umfaßt die Osthälfte der North Downs bis zu ihrem Querabbruch an der Küste sowie den flachen Küstenstreifen nördlich und die Fläche des Weald südlich jener Hügelkette.

Am fruchtbarsten ist der letztgenannte Bezirk, welcher außer Getreide viel guten Hopfen und von Obst besonders Kirschen, auch Nüsse liefert. Weniger intensiv ist der Anbau auf den Downs, welche teils nur mit kurzem Grase, zum Teil aber doch mit parkartigem Baumbestand bekleidet sind. In den flachen Niederungen endlich, am Medway und an der Themse sind ausgedehnte Wiesen. Die Kenter selbst sagen, der erste Teil habe health and wealth, der zweite health without wealth, der dritte wealth without health.

Den ganzen nördlichen Streifen durchzieht die alte Römerstraße „Watling Street", die London mit Canterbury und weiterhin mit dem einstigen Rutupium, wo die römischen Legionen landeten, verbindet, sich aber von London auch in nordwestlicher Richtung über St. Albans und Lichfield bis Chester verfolgen läßt.

Am Südufer der Themse, kurz vor ihrer Erweiterung zur Meeresbucht, liegt Gravesend, Reisenden bekannt als Lotsenstation und Abfahrtspunkt englischer Postdampfer. Dicht neben dem tiefen Themseästuar liegt das inselreichere des Medway, an ihm landeinwärts die Schwesterstädte Rochester und Chatham mit großen Arsenalen, Kasernen und Werkstätten für Heer und Marine; am Ausgange des Ästuars Sheerness und Port Victoria (Reeden für Kriegsschiffe) und Queenboro, ein ganz junger Anlegeplatz für Dampfer vom Kontinent.

Weiter östlich bei Whitstable gibt es reiche Austerngründe, und dann folgt als Eckpfeiler der Themsebucht die „Insel" Thanet, eine isolierte Kreidescholle, von loserem Tertiär umgeben; einst war sie wirklich eine Insel, auf ihr sollen, bei Ebbsfleet, die Angelsachsen und Jüten unter Hengist und Horsa gelandet sein.

An den mäßig hohen Kreideklippen des Ostrandes von Thanet haben sich zwei Seebäder für das Londoner Volk entwickelt: Margate und Ramsgate; an schönen Sommertagen kribbelt und wimmelt dort alles von den im allgemeinen harmlos fröhlichen „Cockneys".

Einen wirklichen, großen Hafen gibt es an der kentischen Küste nicht mehr; von den „Cinque Ports", Sandwich, Dover, Hythe, Romney, Hastings, die Wilhelm der Eroberer mit großen Privilegien ausstattete, ist nur Dover noch von Bedeutung, als der älteste und bekannteste Landeplatz der Kanaldampfer. Zu der berühmten französischen Linie Calais-Dover ist neuerdings die belgische Ostende-Dover getreten; und wenn man bedenkt, daß an Stelle der zahlreichen, festen, kontinuierlichen Schienenstränge, welche sonst volkreiche Länder verbinden, der Verkehr nach dem Inselreich auf die schwankenden Schiffe angewiesen ist, so wird man sich nicht wundern, in Dover wohl alle Viertelstunde eins der schmucken „Boote" kommen oder abgehen zu sehen. Am Fuße seiner stolzen Kreideklippen, im Schutze seiner alten Burg gelegen bietet Dover den Fremden gleich ein sehr charakteristisches Bild. In neuster Zeit denkt man durch Anlage eines großen künstlichen Hafens auch die deutschen transozeanischen Dampfer hierher zu ziehen.

Die Nachbarstadt Dovers, das helle, luftige Folkestone, hat etwas Anteil an dem Passageverkehr mit Frankreich und ist im übrigen ein vornehmer Badeort.

Die ganz flache, einst sumpfige, jetzt aber zum Teil entwässerte und nutzbar gemachte Romney Marsh*) gehört auch zu Kent; sie geht unmerklich in den festeren Boden des Weald über mit seinen Hopfenpflanzungen und Obstgärten und sehr dichter Bevölkerung, die aber zur Zeit der Hopfenernte („the picking season") noch durch zahlreiche Hilfskräfte aus dem Osten Londons verstärkt wird. Unter den freundlichen Städten dieses Bezirks sei erwähnt Tunbridge Wells, ein altangesehener, auch in der Literaturgeschichte oft erwähnter Badeort, ferner Maidstone (eigentlich Medwaystown) am Medway, blühend durch Hopfenhandel.

Die alte Hauptstadt von Kent, die „Burg der Kentmänner" (Cantwarabyrg), ist aber Canterbury, wo die Watling Street den Stour überschreitet; es hieß als Römerstadt Durovernum, das Bistum gründete Augustin. Aus Thomas à Beckets Blut sproßten die höchsten Ehren für Erzstuhl, Kathedrale und Stadt, und noch heute ist der Erzbischof von Canterbury als „Lord Primate of England" erster Pair des Reiches und rangiert gleich hinter den Königlichen Prinzen. Nicht nur die Domfreiheit, sondern die ganze Stadt hat ihr altertümlich trauliches Gepräge bewahrt und ist auch dem Literaturfreunde durch viele Erzählungen von Chaucers Canterbury Tales bis Dickens' David Copperfield vertrauter Boden.

London.

Name. Entstehung. Geschichte. Auf dem Tonplateau am nördlichen Themseufer zwischen dem alten Fleetbach (jetzt Farringdon-Street) im Westen und dem später „Wallbrook" genannten Bache im Osten erhob sich früh eine ansehnliche britische Niederlassung, von den Römern Londinium genannt, worin der keltische Name Llyn-din (Feste am See, d. i. dem Themsesumpf) enthalten ist**). Weit bedeutender noch war dann das römische London mit seiner Zitadelle und seiner Mauer, welche das ganze Mittelalter hindurch erhalten blieb und deren Lauf in dem Straßenzuge des „London Wall" noch heute zu erkennen ist.

---

*) Eindrucksvoll geschildert von Rider Haggard a. a. O. S. 151 ff.

**) Ähnliche Namen finden sich auch sonst auf altem keltischen Sprachgebiet.

Nach dem Fortgange der Römer (411 n. Chr.) verfiel auch London als Stadt und ist wohl erst von Alfred dem Großen dauernd wieder hergestellt worden.

Unter den sächsischen Königen machte die Stadt stetige Fortschritte, und Wilhelm der Eroberer gab ihr als Lohn für ihre Unterwerfung ihren — ersten — Freibrief, seitdem ist die Entwickelung eine stets aufsteigende gewesen, und sehr bald war London die führende Stadt in England. Sie war es zur Zeit der Rosenkriege wie auch in der Reformationszeit und ist es seitdem unbestritten.

Der Grund liegt vor allem und ursprünglich in der Gunst ihrer geographischen Lage. Daß die Hauptstadt des Insellandes nicht im mathematischen Mittelpunkte liegen kann, ist klar, eine Seestadt mußte es sein, natürlich nicht eine so exzentrisch gelegene wie etwa Plymouth; wohl aber kann man London als das geographische Zentrum von Großbritannien ansprechen, schon weil es an einem so tief in den massigsten Teil der Insel einschneidenden Ästuar liegt. Zudem ist die Themse der größte und tiefste Fluß der Insel und die dem Kontinent zugekehrte Ostseite Britanniens die eigentliche Front; alles in allem wird man schwerlich einen günstigeren Punkt für die Entwickelung der Hauptstadt finden können, welche denn auch nach anfänglichen Störungen immer wieder hier ansetzte. Günstige Nebenumstände kommen noch hinzu: die schon erwähnten, inselartig aus sumpfigem Gelände aufsteigenden Lehmhügel (vgl. Berlin!), und dann als vorzüglicher tieferer Baugrund der bekannte, feste Londoner Ton („London clay") tertiären Alters; denn London liegt (ähnlich wie Paris) in einer großen, von älteren Formationen umgebenen Tertiärmulde.

Bedeutung Londons. Durch die Gunst seiner geographischen Lage also wurde London sehr bald zur privilegierten politischen Hauptstadt des Landes, und da seine kraftvolle und einige Bürgerschaft diese Stellung stets zu behaupten wußte, so wuchsen auch Volkszahl und Wohlstand mehr als in den übrigen Städten Englands. Durch die beständige Wechselwirkung zwischen der politischen Macht und der materiellen Kultur war dann der Vorsprung Londons am Anfange des 19. Jahrhunderts so groß geworden, daß auch der industrielle Aufschwung, der zunächst den Midlands und dem Norden zu gute kam (weil dort Kohle und Metalle gefunden werden), Londons Führerschaft nicht mehr in Frage stellen konnte.

Man darf aber die sonderbare Tatsache nicht vergessen, daß die Hauptstadt des größten Industriestaates in dem vorwiegend landwirtschaftlichen Teile des Landes liegt. Auch muß sich London gefallen lassen, daß ihm in gewissen Industriezweigen einzelne andere Städte und Bezirke überlegen sind: Manchester und Yorkshire in der Textil-, Birmingham und Newcastle in der Metallindustrie u. s. w., aber als industrielles Ganzes ist London jedem einzelnen Konkurrenten weit überlegen, und politisch spielen die genannten Städte neben London doch nur Nebenrollen. London ist die königliche Residenz, der Sitz der Reichsregierung, des Parlaments, der fremden Gesandtschaften; dort erscheinen die großen englischen Zeitungen und Zeitschriften, und durch das lebhafte Nationalgefühl seiner Bevölkerung (die Londoner Wahlkreise wählen fast durchweg unionistisch - imperialistisch) ist London tatsächlich das kräftig pulsierende Herz der Nation, was man z. B. von Berlin nicht sagen kann. Die Beamtenschaft tritt in London wenig hervor, ebensowenig das Militär. In London herrscht der schlichte, dunkle Rock des Kaufmanns, denn es ist ja die größte Handelsstadt der Welt; schon in dem gröberen Verstande als Stapelplatz des Warenhandels; eine Menge überseeische Produkte des Weltmarkts werden hier konzentriert, gelagert und sortiert, ehe sie weiter an die einzelnen Länder verteilt werden (Edelmetalle, halbedle Metalle, Pelze, Kautschuk u. a. m.); ferner empfängt London großenteils den Import an Nähr- und Rohstoffen für das Inselreich, und sodann hat die Sechsmillionenstadt einen ganz gewaltigen Eigenbedarf (allein schon an Kohlen). An der Ausfuhr englischer Fabrikate ist London dagegen naturgemäß weniger beteiligt als das dem Industriebezirke nähere Liverpool.

Allein das Handelsregime Londons ist doch noch schärfer ausgeprägt in jenem moderneren, feineren Getriebe, welches wir Bank- und Börsenverkehr nennen; ohne Zweifel ist die Londoner Börse die erste der Welt, und das Stadtviertel um die Bank von England, wo sich Hunderte von Bankhäusern zusammendrängen, der finanzielle Brennpunkt der Kulturländer.

Auf industriellem Gebiete leidet London etwas unter der weiten Entfernung von den Kohlenfeldern, doch ist die industrielle Tätigkeit im ganzen sehr umfangreich und besonders bedeutend im Schiffbau, der Gerberei, Brauerei, Druckerei, der chemischen Industrie, Feinmechanik u. a.

Auch in geistiger Beziehung ist London, obwohl noch heute nicht Sitz einer Volluniversität, doch entschieden die Kapitale der englisch redenden Welt. Hier ist der englische Verlagsbuchhandel fast ganz konzentriert, hier sind die großen Museen, Bibliotheken, Kunstsammlungen, die reich dotierten wissenschaftlichen Korporationen und Vereine. Kleinstädtische Zentralen des geistigen Fortschritts kennt der Engländer nicht; auch die Dozenten von Oxford und Cambridge holen sich ihre Anregung beständig aus den Londoner Klubs, Bibliotheken und Museen.

Die Bevölkerung Londons betrug im Jahre 1600: 150000 Seelen, 1700: 700000, im Jahre 1801: 960000, sie nahm besonders im 19. Jahrhundert rasch zu, hatte 1811 schon die erste Million überschritten, die zweite allerdings erst 1851, seitdem ist die Zunahme wieder schneller. Nun waren aber die Angaben über Londons Größe bisher sehr verschieden, je nachdem man sie für den Polizeibezirk oder den Bezirk des Statistischen Amtes, der Schulbehörde oder für „Großlondon“ im geographischen Sinne berechnete.

Seitdem aber nunmehr zwei geschlossene Verwaltungseinheiten bestehen, nämlich 1. die City of London (der alte, privilegierte Innenbezirk) und 2. das Administrative County of London, beide auch mit vollkommen klaren Grenzen, wird man sich bei Vergleichung mit anderen Weltstädten an diese halten müssen und erhält so für 1901:

City of London . . . . . . 27000 Einw. (Nachtbevölkerung)
Administrative County of London 4537000 „
zusammen: 4564000 Einwohner.

Schon damit ist London die größte Stadt der Welt. Rechnet man als Geograph einmal die ganze einheitliche Siedelung zusammen, so erhält man etwa 6½ Millionen Einwohner. Das Wachstum ist in der Weise vor sich gegangen, daß früher selbständige Ortschaften wie Westminster, Greenwich u. s. w. durch Häuserreihen mit der Hauptstadt verwuchsen und schließlich einverleibt wurden, so daß ihre Namen nur noch Stadtteile bezeichnen; aber auch der Geburtenüberschuß ist bedeutend (denn London ist eine gesunde Stadt, trotzdem noch viel Themsewasser getrunken wird) und ebenso die Zuwanderung, besonders von Iren, Deutschen, Italienern, Juden. Ein Ende des Wachstums ist garnicht abzusehen, und bei Betrachtung der schönen Bartholomewschen Karte (1 : 126720) kann man sich des Gedankens nicht erwehren, daß die schwärzliche Häusermasse einst den ganzen flachwelligen Raum des Themsebeckens zwischen den Downs im Süden und den Hertforder Hügeln im Norden erfüllen wird. Eine regelrechte Stadtverfassung hatte lange Zeit nur die City, die auch heute noch ihren Lord Mayor, ihre Gilden und Aldermen besitzt; seit 1888 aber hat man aus dem Rest, der früher zu vier Grafschaften gehörte: Middlesex, Essex, Surrey, Kent, eine Administrative County of London gebildet, eingeteilt in Boroughs, verwaltet durch den Lon-

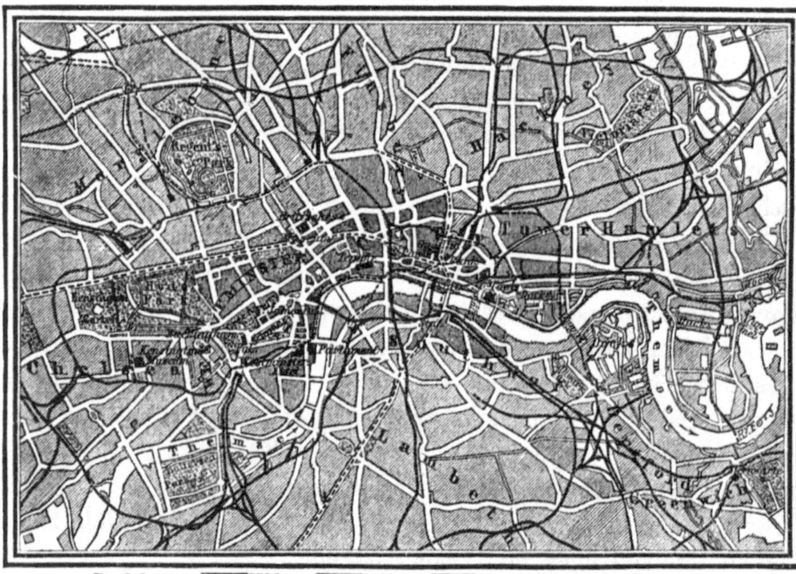

Eisenbahnen 1500 1750 1900 Unterirdische Eisenbahnen

Fig. 10. Plan von London Maßstab des Planes 1 : 140 000.

don County Council mit einem Ausschusse (den Aldermen) und einem jährlich wechselnden Vorsitzenden. Diese Verwaltung arbeitet recht gut.

Beschreibung der Stadt. London bedeckt den im Vergleich zu anderen Weltstädten ungeheuren Raum von 290 qkm; das ist eine Folge des Wohnens in Einzelhäusern; auf ein Haus kommen nur acht Bewohner (in Berlin 50!). Man trennt immer mehr Geschäftshaus und Wohnhaus; in der City und den angrenzenden älteren Stadtteilen gibt es fast nur noch Geschäftshäuser, dort nimmt die Bevölkerung ab; in den Vorstädten gibt es ganze lange Straßen, die nur aus Wohnhäusern bestehen (Prozeß der Citybildung). Die Häuser Londons sind meist unansehnliche, zweistöckige, schmale Backsteinkästen, nicht gestrichen, von Rauch geschwärzt, von je einer Familie bewohnt. Natürlich gibt es großartige Geschäftshäuser und Hotels im Innern der Stadt, elegante Villen und große Paläste in den reichen Quartieren. Diese liegen nach einem bekannten geographischen Gesetze im rauchfreien Westen der Stadt (dem Westend), wo sich auch die Regierungsgebäude befinden. In den elenden Gassen des Südens und besonders des Ostens (Eastend) herrschen vielfach Armut, Schmutz, Trunk und Verbrechen; wieder andere Viertel sind durchweg vom soliden, nüchternen Mittelstande bewohnt. London hat sehr viele freie Plätze und große Parks, von denen der Hydepark und der Regentspark (beide im Westen) die größten sind. Bei der ungeheuren Ausdehnung der Stadt und dem geschilderten Verhältnis zwischen Außen- und Innenbezirken ist das Verkehrsbedürfnis natürlich riesig; ihm dient ein Netz von Eisenbahnen (zum Teil unterirdisch) mit Hunderten von Stationen, ferner elektrische und Pferdebahnen, ungemein viele Omnibusse, über 10000 Droschken, sowie Themsedampfer, und doch ist auch das Gewühl der Fußgänger noch sehr stark. Die Themse durchfließt London in mehreren großen, rundlichen Windungen, ist hier etwa 240 m breit und von 16 Brücken überspannt, von denen London Bridge die älteste und bekannteste, Tower Bridge die kühnste ist. Unterhalb London Bridge beginnt der Seehafen, hauptsächlich als Dockhafen ausgebaut, des starken Flutwechsels wegen und um Raum zu gewinnen.

In ihrem Gesamtcharakter ist die Weltstadt London doch ohne Zweifel eine echt englische Stadt, im Äußern, in Sitten und Gebräuchen von den Hauptstädten des Kontinents sehr verschieden. Es ist zwar nach dem oben Gesagten keine „schöne“ Stadt; dem gefälligen, regelmäßigen, glatten Berlin aber an Interesse weit überlegen durch die mächtigen Denkmale der Vergangenheit: den grimmigen Tower, die ehrwürdige Westminsterabtei, den Tempel, die Guildhall u. a.; jüngere, aber entschieden großartige Schöpfungen sind die St. Pauls-Kathedrale, das Parlamentsgebäude, das Britische Museum. Die königlichen Schlösser (Buckingham Palace, St. James's Palace) sind wenig bedeutend, und gar kein Glück hat London von jeher mit öffentlichen Standbildern gehabt.

Das östliche England.

Zu ihm rechnen wir die hufeisenförmig um den Washbusen gruppierten und größtenteils auch nach ihm abwässernden Grafschaften Suffolk, Norfolk, Cambridgeshire, Bedford- und Huntingdonshire, sowie Lincolnshire, wobei aber zu beachten ist, daß Suffolk und Norfolk ihre Hauptseefront direkt nach der offenen Nordsee haben, wie Lincoln die seine nach dem Humber.

Für die Vereinigung der genannten Grafschaften zu einer geographischen Gruppe läßt sich außer dem in England geltenden Brauch noch anführen der allen gemeinsame Aufbau aus jüngeren und vorwiegend weichen Schichten (Jura, Kreide, Tertiär, Quartär), ihre dementsprechend sanften Oberflächenformen (z. T. sind es wirkliche Ebenen), das vergleichsweise warme und trockene, dem Weizenbau günstige Klima, die große Fruchtbarkeit, der behäbige Charakter der Siedelungen, das Vorherrschen des landwirtschaftlichen Gewerbes, dem gegenüber nicht nur die Industrie, sondern auch der Handel zurücktritt, während die Fischerei allerdings recht lebhaft ist. In der Bevölkerung überwiegt das anglische Element (Suffolk und Norfolk bedeuten ja Süd- und Nordvolk des Angelnstammes); außerdem ist ein starker Einschlag skandinavischen Blutes vorhanden, wie z. B. die Ortsnamen auf -ness zeigen.

Suffolk (3800 qkm, 310 000 Einwohner) hat einen großen, Landwirtschaft treibenden Binnenbezirk mit dem Mittelpunkte in Bury St. Edmunds (Grabstätte des heiligen Edmund) und einen schmalen, aber lebhaften Küstenstrich mit dem blühenden Hafenplatze Ipswich am Ästuar des Flüßchens Orwell. Weiter in die Nordsee vorgerückt liegt Lowestoft (die östlichste Stadt Englands), ein durch die Verkehrspolitik der Ostbahn sehr begünstigter Ort, der sowohl als Fischereihafen wie als Badeort einen sauberen, ja schmucken Eindruck macht. Malerischer und altertümlicher (sowie schmutziger) ist freilich das schon in

Norfolk (5500 qkm, 315 000 Einwohner) an der Mündung der Yare gelegene Yarmouth (Great Yarmouth), an dessen breitem, flachem Strande wir im Geiste wohl alle mit David Copperfield, Steerforth und der kleinen Emily gewandelt haben.

In Yarmouth sind hauptsächlich Heringslogger beheimatet, und der „Yarmouth bloater“ (Bückling) ist eine Delikatesse des Londoner Ostends.

Nördlich von Yarmouth wird die Küstenlinie immer glatter, die

Böschung steiler — es sind abbrechende diluviale Mergelwände — und bis zum Wash finden wir nur noch ein paar junge Badeorte wie Cromer und Wells, gleich Lowestoft durch die Ostbahn hochgebracht, welch letztere überhaupt ihren nicht eben stark bevölkerten Bezirk mit Geschick bearbeitet. Die Hauptstadt von Norfolk: Norwich, 110000 Einwohner, liegt im Innern der Grafschaft*) auf einem Hügel an der Yare und hat viel baumreiche Gärten innerhalb des Weichbildes, so daß die Engländer hier sowohl eine „city in an orchard" wie einen „orchard in a city" finden wollen. Norwich ist jetzt bedeutend hauptsächlich durch Getreidehandel und durch seine Eisenindustrie; die im Mittelalter von Flamländern eingeführte Wollweberei konnte gegenüber der Konkurrenz von Yorkshire nicht bestehen. Zwischen Norwich und Yarmouth breiten sich in dem flachen Küstengebiet zahlreiche kleine Seen und Lagunen aus, verbunden durch träge Flüsse, umsäumt von Weiden, Binsen und Schilf, die sogenannten „Norfolk Broads", ein Dorado der Ruderer, Angler, Entenjäger. Im Westen von Norfolk, an der künstlich begradeten Ouse unweit des Wash, liegt King's Lynn mit etwas Schifffahrt und nordöstlich davon Sandringham, der behagliche Landsitz des einstigen Prinzen von Wales, des jetzigen Königs Edward VII.

Der Fenbezirk. Um den Washbusen lagert sich, im Osten am schmalsten, im Süden am breitesten, mäßig breit im Westen, ein Alluvialgebiet, welches gleich den Marschen der holländischen und deutschen Nordseeküste ohne Zweifel alter Seeboden, wie jene durch Anschlickung entstanden ist und auch dieselbe weitere Entwickelung durchgemacht hat. Ursprünglich war hier wirklich „Fen", also Sumpf und Moor, die Wasserläufe waren ganz unregelmäßig, Überschwemmungen häufig; seitdem man aber (im großen seit 1629) die Flußläufe begradet, eingedeicht und durch zahllose Abzugsgräben verbunden hat, wird das Übermaß von Feuchtigkeit ständig abgeführt, und der Boden hat sich zum Anbau sehr geeignet gezeigt. Jetzt sind die Fens keine Moore und Sümpfe mehr, sondern richtige, fruchtbare Marsch; die friesischen, eingewanderten Lehrmeister der Wasserbaukunst haben auch dieser Gegend so gut wie z. B. den Elbmarschen ihr eigentümliches Gepräge aufgedrückt. Die Höfe liegen meist reihenweise an den Deichen; ihre roten Ziegeldächer sowie Weidenstümpfe,

*) Dies erklärt sich daraus, daß die Yare früher bis dorthin schiffbar war.

Windmühlen und hie und da ein einsamer Kirchturm sind die einzigen Ruhepunkte für das Auge in dem eintönigen Gewirre von Poldern und Kanälen. Der Name Holland, den die Umgegend von Spalding und Boston wirklich führt, paßt auf den ganzen Bezirk. Politisch gehören die Fens zu Norfolk, Cambridgeshire, Huntingdon, größtenteils aber zu Lincolnshire.

Cambridgeshire (2100 qkm, 185 000 Einwohner). Sein Anteil an den Fens heißt Isle of Ely, weil die alte Kathedralstadt Ely auf einer „Geestinsel" mitten in der Marsch liegt; die Insel besteht aber nicht aus Sand, sondern aus Jura- und Kreidegestein; auf ihr hielt sich Hereward, „der letzte Sachse", noch drei Jahre nach der Schlacht bei Hastings gegen Wilhelm den Eroberer. Der südliche Hauptteil der Grafschaft hat durchweg festen Boden, ist aber nur wellig bis hügelig. Newmarket mit seinen Gestüten, Pferdemärkten und Rennen ist wichtig für die englische Vollblutzucht.

Cambridge am Cam ist mit Oxford, dem es ein klein wenig in der allgemeinen Schätzung nachsteht, die einzige echte und rechte Universitätsstadt Altenglands und fordert in jeder Hinsicht zum Vergleich mit jenem auf. Die Lage an einem ruhigen Flusse und die allgemeine Bauart sind dieselben, die Größe der Städte auch. Für das Auge ist es ein Unterschied, daß in Oxford Kalksteinbauten mit gelblich-grauen Farben, in Cambridge Backsteinbauten mit warmen, rötlichen Tönen vorherrschen*), die Organisation der Universität in Colleges ist wiederum dieselbe, doch geht die vorwiegende Richtung der Studien in Cambridge mehr auf das Mathematische; endlich scheint Cambridge in neuster Zeit modernen Ideen etwas geneigter zu sein; doch ist ja an eine wirkliche Modernisierung der beiden so eigenartigen und ehrwürdigen Hochschulen aus vielen Gründen nicht zu denken. Das „sint ut sunt, aut non sint!" trifft hier durchaus zu.

Bedford (1200 qkm, 170000 Einwohner) und Huntingdon (900 qkm, 55 000 Einwohner) sind zwei friedliche, landwirtschaftliche Grafschaften in dem fruchtbaren, welligen Talzuge zwischen den Kreide- und den Jurahügeln, haben wohlhabende Farmen und manch stattlichen Herrensitz. Bedford an der Ouse ist in England hauptsächlich bekannt durch seine guten Mittelschulen; in der Nähe wohnte John

---

*) Die „Backs" (schattige Hintergärten zwischen den Colleges und dem Flusse) sind Cambridge allein eigen.

Bunyan. Das Städtchen Huntingdon verdient Erwähnung, weil dort der große Protektor Oliver Cromwell geboren wurde.

Lincolnshire (4200 qkm, 390 000 Einwohner) ist gegen die letztgenannten Grafschaften wieder ein größeres Ländchen mit selbständiger Bedeutung. Es erstreckt sich vom Humber zum Wash, von der Juraschwelle zur Nordseeküste, ist größtenteils Ebene, jedoch mit zwei langen, geradlinig verlaufenden Hügelketten, den Lincoln Uplands (Jura) im Westen und den Lincoln Wolds (Kreide) im Osten. Sein Anteil an den Fens, das eigentliche „Holland", ist jetzt ein besonderes „Administrative County"; dort liegt am Welland Spalding, ein wichtiger Eisenbahnknotenpunkt, am Witham Boston, ein regsamer Seehafen, dem freilich sein amerikanisches Patenkind weit über den Kopf gewachsen ist. Der zweite Bezirk von Lincolnshire heißt Kesteven und liegt an den Uplands; der Hauptort ist Grantham, eine wichtige Eisenbahnstation an der großen Linie nach Schottland. In dem nördlichen, „Lindsey" genannten Hauptteil der Grafschaft liegt auch die Hauptstadt Lincoln, das römische Lindum Colonia. Das ist nun wieder eine der englischen Städte, die man liebhaben muß. Nicht zu groß und nicht zu klein, vorteilhaft sich entfaltend, liegt die freundliche Stadt auf ihrem Kalkhügel am Durchbruchstale des Witham durch die Uplands und thront dort in ruhiger Würde als Mittelpunkt eines wohlhabenden Bezirks und als Sitz eines Bischofs; zugleich ist sie eine Hauptstation an dem großen Straßenzuge und Schienenwege zwischen England und Schottland wie auch an einer respektablen Wasserstraße, Foss Dyke, zwischen den Midlands und der Nordsee. Lincoln hat auf dem Berge sein Normannenschloß, seine herrliche gotische Kathedrale inmitten der lauschigen Domfreiheit und in der Altstadt viele ganz altertümliche, sehr steile Gäßchen, es hat aber auch am Fuße des Hügels eine lebhafte Industrie (von landwirtschaftlichen Maschinen) und der Hafen ist gar nett und sauber.

Am äußeren Humber hat die Central Railway einen Fischerei- und Handelshafen gebaut, Great Grimsby, der sich über alle Erwartung entwickelt hat. Die Fischdampferflotte ist die größte irgend eines britischen Platzes, schnelle Dampfer befördern täglich Post, Personen und Waren zwischen dem genau östlich gelegenen Hamburg und Grimsby, machen Hull also scharfe Konkurrenz, und selbst ein großer Badeort, Cleethorpes, wurde von der rührigen Bahngesellschaft im Anschluß an Grimsby mit Erfolg gegründet.

Die Insel Man.

Dies langgestreckte, bergige Eiland liegt im nördlichen Teile der Irischen See, ziemlich gleich weit (etwa 50 km) von den Küsten der drei Königreiche entfernt. Der Flächeninhalt beträgt 600 qkm, ist somit nicht bedeutend (Rügen 1000 qkm). Unweit des südlichsten Vorsprunges liegt noch ein kleines Inselchen, das den bezeichnenden Namen „Calf of Man" führt.

Nach seiner Oberflächengestalt zerfällt Man in einen südlichen, größeren, bergigen Teil, dessen baumlose, aber nicht unfreundliche Höhen im Snae Fell (nahe der Ostküste) mit 600 m kulminieren, und in einen nördlichen, kleineren, flachen Teil.

Geologisch betrachtet besteht das südliche Bergland meist aus silurischen Schichten mit vielen Granitgängen, das nördliche Tiefland aus jüngeren Formationen (Trias bis Quartär, mit Lücken). Da alle diese Schichten, ältere wie jüngere, hier nicht isoliert abgesetzt worden sind, so stellt sich Man als Bruchstück der einst zusammenhängenden, Irland einschließenden „Britannia" *) dar und ist somit von nicht geringem geologischen Interesse, es ist gleichsam die geologische Brücke zwischen Großbritannien und Irland.

Landschaftlich ist die Insel anmutig, besonders ist die Küstenszenerie voller Abwechselung. Der Boden ist teilweise recht fruchtbar und erzeugt bei dem milden Seeklima viel und gutes Gemüse. Wichtiger sind aber die Mineralschätze des Oberlandes: Blei, Silber, Kupfer, Eisen und Zink. Die Fischerei ist sehr lohnend und ernährt einen großen Teil der Bewohner; neuerdings sind die Küstenplätze außerdem fast alle zu Badeorten geworden. Die Bewohner, 55000 an Zahl, sind meist Kelten (ihr Dialekt heißt „Manx"), empfingen aber von skandinavischen Eroberern ihre eigentümlichen Gesetze, welche die Engländer nach ihrer Gewohnheit ruhig haben bestehen lassen; die englische Krone ernennt den Gouverneur und die Staatsräte, die „Manxmen" wählen 24 Volksvertreter, die sogenannten „Keys".

Der größte Ort ist Douglas im Südosten, an schöner Felsküste, mit Schiffahrt, Fischerei und Badestrand. Regierungssitz ist aber Castletown an der Südküste.

---

*) Vgl. S. 5.

III.

Schottland.

A. Physische Geographie*).

Die Küste.

Die Nord- und Westküste Schottlands ist eine echte Fjordküste mit steilwandigen, trogförmig ausgetieften Buchten, großen und kleinen Inseln, Halbinseln, die auch fast Inseln sind, Sunden und Isthmen: ein Norwegen im kleinen.

Die Bildung dieser Küste ist natürlich auch nicht für sich allein zu erklären, und wenn manche Engländer darauf hinweisen, daß gerade die atlantische Küste Schottlands so stark gegliedert und daß die ozeanische Brandung die Ursache dieser Gliederung sei, so ist daran nur richtig, daß die Westseite die stürmische und niederschlagreiche ist; die Talbildung war hier von je besonders lebhaft und bei dem Vorhandensein von Gletschern eine eigenartige; dann ist die ganze Küste gesunken, und die Täler wurden überflutet. Man vergleiche nur die Gruppe der äußeren Hebriden mit den keilförmigen nördlichen Hochlanden! Durch eine Senkung von wenigen hundert Metern würde aus den jetzigen Hochlanden eine ähnliche Inselgruppe entstehen, wie die Hebriden sind.

Die äußeren Hebriden oder „Western Islands“ gleichen im Umriß etwa dem Gerippe eines Reptils; den spitzen Kopf bildet im Norden die große Insel Lewis mit ihrem Nordkap Butt of Lewis. Die äußere Seite der Hebriden ist von der Brandung ziemlich glatt gehobelt, die innere ist weit zerrissener. Die Inseln sind felsig, kahl, fast baumlos; nach Süden nehmen sie an Größe immer mehr ab.

65 km westlich von der Mitte der äußeren Hebriden liegt noch eine kleine Gruppe felsiger Inseln, von denen nur eine, St. Kilda, be-

*) Vgl. Bartholomew: The Royal Scottish Society's Atlas of Scotland. 1895. Von A. Geikie's „Scenery of Scotland“ erschien 1901 die dritte Auflage.

wohnt ist. Die 70 keltisch sprechenden Menschen, die hier ein weltabgeschiedenes Leben führen, nähren sich von Vogelfang, Fischerei und Schafzucht; ihre Vorfahren wanderten vor 150 Jahren ein, nachdem vorher sämtliche Einwohner durch die Pest weggerafft worden waren.

Eine genaue Karte der Inselgruppe findet sich im Geographical Journal 1900. Interessante Bilder gibt Griesheim in der Deutschen Rundschau für Geographie und Statistik 1900 (danach ist die Hauptinsel ein hoher Bergkegel, an seinem Fuße liegt an ziemlich flachem Strande das Dörfchen).

Noch 300 km weiter westlich wird inmitten einer furchtbar schäumenden Brandung zuweilen ein einsamer Felspfeiler sichtbar „Rockall“; dieses Felsinselchen von 75 m Umfang erhebt sich 20 m über Mittelwasser und hat weder Erdkrume, noch Sand, noch Süßwasserquellen. Ringsum sind Wassertiefen von 36—45 m gelotet, denn Rockall ist natürlich nicht die Spitze eines aus ozeanischen Tiefen aufsteigenden Zinkens, sondern krönt eine umfangreiche unterseeische Schwelle, welche noch andere niedrigere Klippen und Riffe trägt*).

Der langgestreckte Sund zwischen den äußeren Hebriden einerseits, den inneren Hebriden nebst dem „Mainland“ anderseits, heiß der Minch; er ist geologisch wahrscheinlich eine sehr alte Senke, „Grabenversenkung“; wozu auch das Vorhandensein mesozoischer Sedimente und junger Eruptivgesteine am Ostrande des Minch stimmt. Die inneren Hebriden, besonders die größte, Skye, sind offenbar nur abgetrennte Halbinseln und mögen deshalb mit der Hauptküste zusammen betrachtet werden. — Die Küstenstrecke zwischen Dunnet Head und Kap Wrath ist noch verhältnismäßig wenig gegliedert. Kap Wrath ist so recht allen Stürmen ausgesetzt und ein würdiges Gegenstück zu Land's End. Von da nach Süden folgt zunächst eine wilde, melancholische Fjordküste, aus deren NNO—SSW-Richtung die große Insel Skye weit vorspringt, welche mit ihren 1000 m hohen terrassenförmig aufsteigenden Basaltbergen, ihren zahlreichen Buchten, Halbinseln und Schären**) einen Bezirk für sich bildet; vom Mainland ist sie getrennt durch einen schmalen Sund. Ähnlich abgesprengt ist auch das Südende der Northern Highlands, die Insel Mull mit dem ebenfalls basaltischen Ben More, 960 m, der fast stets in Nebel gehüllt ist.

*) Über Rockall vergleiche man Scottish Geographical Magazine XIV. 1898 und Transactions of the Royal Irish Academy XXXI. 1897.

**) Der Name lautet hier skeir oder auch skerry.

Trabanten von Mull sind u. a. die „heilige“ Insel Iona und das kleine merkwürdige Eiland Staffa, aufgebaut aus säulenförmig abgesondertem Basalt, über dem eine Decke amorphen vulkanischen Gesteins lagert. In die Front der senkrechten Basaltsäulen ist, wohl durch die Brandung, eine Meerhöhle eingebrochen: die Fingalsgrotte.

Südöstlich von Mull öffnet sich der große Trichtergolf, welcher im Verein mit dem ihm von Norden entgegenkommenden Moray Firth die Hochlande in zwei Teile zerkerbt und im äußeren Teile Firth of Lorn, im inneren Loch Linnhe heißt. Die Küstenlandschaft ist hier überaus großartig: hohe Bergwände, kulissenförmig gegeneinander verschoben, umsäumen den allmählich sich verengenden Golf, alle beherrscht von der Hauptrichtung de großen Kluft, welche hier durchgeht; rechts und links öffnen sich Zweigbuchten und Seitentäler, dem Blicke neue Bergwände enthüllend.

Südlich von der großen Spalte wird die Gliederung immer reicher, die Landschaft lieblicher. Die Grenze zwischen Insel und Halbinsel schwindet fast. Die der Insel Jura so ähnlich gebaute Halbinsel Kintyre ist durch den Crinankanal nun auch wirklich zur Insel geworden. Weit dringt Loch Fyne ins Herz der Hochlande ein, und die Insel Arran reckt ihre Felspyramide Goat Fell vom Meeresspiegel unvermittelt bis 870 m Höhe; die Siedelungen werden dichter, wir nähern uns dem Firth of Clyde, zugleich einer Weltverkehrsstraße und einer hochromantischen Landschaft; denn die Ufer sind bergig und felsig bis wenige Meilen unterhalb Glasgow, wo das schottische Niederland an den Fluß tritt. Die Grenze zwischen dem Firth of Clyde und dem River Clyde liegt etwa in der Umbiegung bei Gourock. — Felsküste mit vorgelagerten Inseln (den Cumbrae) begleitet uns noch von der Clydemündung bis Ardrossan; von da wird die Küste flach, ist jedoch auffallend gegliedert durch die hammerförmige Halbinsel Rhinns of Galloway, welche vom North Channel bespült wird.

Die schottische Küste des Solway Firth bietet eine Reihe flacher Buchten ohne besonderes Interesse.

Die Ostküste Schottlands, von der Pentlandföhrde nach Süden ist zwar durchweg Steilküste, aber der Gebirgsbildung entsprechend weit weniger imposant; es fehlt der großartige Hintergrund; meist ist nur ein kurzer Steilabbruch vorhanden. Auch der Umriß ist einförmiger; es fehlen die Fjorde, Halbinseln, Inseln. Nur zwei große Einbuchtungen und ein paar sekundäre Busen sind vorhanden. — Die meist von devonischem Sandstein (Old Red) gebildete Küste des Moray Firth gabelt sich landeinwärts in drei Arme: Dornoch-, Cromarty- und Beaulyfirth. Die große, stumpfe Halbinsel südlich vom Moray hat keinen auffallenden Eckpfeiler und Vorsprung; auch die Granite von Peterhead (Kap Buchan Ness) treten in der Küstenbildung nicht sonderlich hervor. Südlich von Aberdeen, bei Stonehaven, beginnt wieder der Alte Rote Sandstein. Keine auffallende Unterbrechung der Gesamtküstenlinie bewirkt die für die Schiffahrt wichtige Taymündung (Firth of Tay) mit ihren flachen, sandigen Ufern. Zwischen ihr und dem weit tiefer einschneidenden Forthbusen (Firth of Forth) liegt die bergige, bewaldete Halbinsel Fife. Der Forthbusen ist eine stattliche, von Kriegs- und Handelsschiffen belebte Wasserfläche; mehrere felsige Inseln verraten den unebenen Untergrund. Die kurze Küstenstrecke zwischen dem Ausgange des Firth of Forth und der Tweedmündung ist wieder sehr steil und hat bedeutende Punkte. Nicht weit von North Berwick erhebt sich auf düsterem Basaltfelsen Tantallon Castle, ihm vorgelagert die 100 m hohe, fast lotrecht aufsteigende Felseninsel Bass Rock; auch das Kap St. Abbs Head hat echt schottischen Charakter: es ist ernst und groß.

Orographische Übersicht*).

Allgemeines. Schottland zerfällt nach seiner Oberflächengestalt in drei deutlich geschiedene Teile: die Hochlande (Highlands) im Norden, die Niederlande (Lowlands) in der Mitte, das südschottische Bergland (Southern Uplands) im Süden**). Die Längsrichtung der drei Teile ist parallel und läuft von Südwesten nach Nordosten; dem Umfange nach sind die Hochlande der größte, die Niederlande der kleinste Teil.

Die Southern Uplands sind von den Cheviots durch eine Paßsenke geschieden, die sich vom Solway Firth unter dem Namen Liddisdale zum Flußgebiet des Teviot hinüberzieht und von der Bahn Carlisle-Galashiels-Edinburgh benutzt wird. Die Southern Uplands sind kein

*) Vgl. Bartholomew's Physical Map of Scotland (1 : 633 600) Preis 1 Mk. Desselben: Reduced Ordnance Survey Map of Sc. (1 : 126 720) 29 Blätter zu 1 Mk.

**) Der auf deutschen Karten noch übliche Name „niederschottisches Bergland" ist verfehlt.

geschlossenes Gebirge, sondern eine ziemlich unregelmäßige Anhäufung von Berggruppen, deren Kämme und Täler nur selten die im inneren Bau liegende Nordostrichtung erkennen lassen. Die Höhen sind nicht bedeutend (in der Mitte gibt es eine Anzahl Kuppen von ca. 800 m Höhe), rechtfertigen aber doch wohl den Namen Bergland. Für ein „Hügelland" ist auch der landschaftliche Charakter zu ernst und streng. Die zwar selten schroffen und felsigen, eher rundlichen Höhen sind kahl, mit Heidekraut, niederen Beerensträuchern und saftiggrünem Farn, auch mit Hochmoor bedeckt. Die breiten Täler sind zum Teil bewaldet, so das des Teviot und anderer östlicher Flüsse.

Quer zur Hauptrichtung verläuft gerade in der Mitte des Zuges von Norden nach Süden eine Senke: Clydesdale — Annandale; westlich von dieser liegt die niedrigere Hälfte, wo es nur einzelne höhere Berge gibt, z. B. den granitischen Merrick 820 m und den Lowther 720 m hoch. Hydrographisch betrachtet ist diese Westhälfte von Flüssen nach allen Richtungen zerfurcht. In der höheren Osthälfte kommt die nordöstliche Streichrichtung etwas mehr zum Ausdruck, vor allem in den Tälern des Tweed und seiner Nebenflüsse, aber auch in einzelnen Bergketten wie den Lammermuir Hills im Norden. Die höchsten Gipfel bilden einen unregelmäßigen Trupp im Südwesten: Broad Law 830 m, Hart Fell, Ettrik Pen.

Die Lowlands. Ohnehin der kleinste von den drei natürlichen Teilen Schottlands treten sie auf der orographischen Karte als Tiefland nur wenig hervor, weil sie in der Tat nicht eine ganz platte Senke bilden, sondern im Süden wie im Norden ansehnliche Höhenzüge enthalten, welche, wenigstens im Süden, orographisch nur schwer von dem benachbarten Berglande zu trennen sind, vom Volke indessen, mit dem die Geologen auffallend übereinstimmen, zu den Lowlands gerechnet werden. So ist man sich z. B. darüber einig, daß die Pentland Hills, südwestlich von Edinburg, den Lowlands angehören; weiter nach Südwesten würde dann das derselben Richtung folgende Tal des Ayr eine annehmbare Grenze zwischen dem Niederland und dem südlichen Bergland bieten; doch liegt hügeliges Gelände auch nördlich dieser Grenze an beiden Ufern der Clyde. Ein wirklich flacher, deshalb auch von einem Kanal durchstochener Isthmus zieht sich — 64 km lang und etwa eine Stunde breit — von Renfrew in Westen über Falkirk nach Grangemouth im Osten hin. Hier liegt die Talwasserscheide nur 47 m hoch. Der nördlich von diesem Flachlandstreifen liegende Teil der Lowlands ist zwar auch durchaus nicht ganz eben, aber die dort sich erhebenden Hügelgruppen sind sowohl voneinander durch deutliche, breite Täler, als auch von den Hochlanden und zwar durch eine ausgeprägte Senke, das sogenannte Strathmore*) getrennt. Es sind dies die Sidlaw Hills zwischen Esk und Tay, die Ochil Hills zwischen Tay und Forth, die Lennox Hills (nebst den Campsie Fells) zwischen Forth und Clyde.

Diese drei Hügelketten, deren höchste, die der Ochils, bis 700 m hoch ist, haben einen anmutigen, freundlichen Charakter, sind in den Tälern dicht bevölkert und somit schon äußerlich verschieden von den Hochlanden im Süden wie im Norden.

Die schottischen Hochlande begrenzen als eine dunkle, prallig aufsteigende Mauer die Lowlands an deren Nordseite und bedecken von dieser Grenzlinie bis zu ihren nördlichen Grenzpunkten Kap Wrath und Duncansby Head einen Flächenraum von ca. 40 000 qkm. Dies ganze Gebiet ist erfüllt von nebeneinander gelagerten Bergen und Berggruppen, die zuweilen, aber nicht regelmäßig, durch Grate und Sättel verbunden sind und in ihrer heutigen Anordnung kein durchgehendes Gesetz erkennen lassen. Auch von einem der höheren Punkte aus gewahrt man nur eine Schar von düsteren Rücken, Kuppen und Klötzen, die sich bis zu einem gewissen Niveau erheben, aber keine überragende, herrschende Kette. Das Ganze macht den Eindruck eines durch die Talbildung sehr stark zernagten Plateaus. Wir werden sehen, wie dies in dem geologischen Bau seine Begründung findet.

Nur eine Gliederung ist ebenso klar wie großartig: die Trennung in die Nördlichen und die Südlichen Hochlande, bewirkt durch das auffallende Längstal, welches sich grabenartig und fast schnurgerade vom Firth of Lorn bis zum Moray Firth 90 km lang hinzieht, zum großen Teil von Seen ausgefüllt ist und heute mit Hilfe des Caledonischen Kanals das nördliche Schottland zur Insel macht. Die Schotten nennen dies Tal Glenmore oder The Great Glen (das große Tal).

Im südlichen Teile der Hochlande finden wir, von Südwesten kommend, als bemerkenswerten Gipfel die spitze Pyramide des Ben

*) strath schott. = breites Tal; more kelt. = groß.

S. 113.

Der höchste Berg der Britischen Inseln. Ben Nevis.

Cruachan zwischen Loch Awe und Loch Etive, genau nördlich davon den höchsten Gipfel der Britischen Inseln, den Ben Nevis, 1340 m hoch, einen markigen, massigen Felsklotz, der in den Runzeln seiner oben ganz kahlen Flanken einige Schneeflecken bis in den Juli hinein bewahrt und auf dem meist aus Geröll bestehenden Scheitel eine Wetterwarte trägt, wichtig, weil sie gerade in einer Zugstraße der nordatlantischen Depressionen liegt. Vom Ben Nevis aus nach Nordosten zieht eine, allerdings nur lose zusammenhängende Gruppe hoher Berge, trotziger Gesellen mit nackten Felshäuptern hinüber zum Ben Macdhui (1300 m) als zweitem Eckpfeiler. Wir wollen für diese Berge mit den Engländern den Namen Grampians beibehalten. Den mittleren Teil der Grampians nennen die Schotten auch Forest (= Wildpark) of Athol. Weiter nach Nordosten verflachen sich die Hochlande mehr und mehr und erreichen, strenggenommen, die Nordsee nicht. Die Täler dieses Teiles, besonders Strathspey, lassen eine nordöstliche Richtung erkennen. Sie münden auf einen flachen, fruchtbaren und kulturell sehr wichtigen Küstensaum (die Landschaften Moray und Buchan).

Die nördlichen Hochlande jenseit des Great Glen zeigen durchaus den einförmigen Charakter des aufgelösten Plateaus mit einzelnen aus besonders festem Gestein bestehenden und deshalb höher aufragenden Gruppen und Bergen. Als die höchsten sind zu nennen: Mam Soul 1170 m, Ben Wyvis 1100 m, Ben Dearg 1100 m.

Auch die Northern Highlands treten nur im Westen schroff ans Meeresgestade und lassen im Osten Raum für eine ziemlich breite Küstenplatte.

Der landschaftliche Charakter der schottischen Hochlande ist ernst, ja schwermütig. Die höheren Felsgipfel sind ganz kahl und allen Angriffen der Verwitterung preisgegeben; die niederen Halden, die breiten Rücken und Hochflächen bekleidet eine dürftige, von Wasserrissen zerfetzte Decke von Heidekraut, Berggräsern, Farn und Heidelbeeren; in feuchten Mulden haben sich Hochmoore gebildet*). Infolge der Waldverwüstung, welche hier auch die meisten Täler betroffen hat, arbeitet das rapide abfließende Regenwasser lebhaft daran, die Formen der Berge immer rauher und schroffer zu machen, die Talböden immer mehr mit Kies und Schotter aufzufüllen, und weil

*) Vgl. R. Smith: Botanical Survey of Scotland. Scot. Geogr. Mag. 1900. W. G. Smith: The Origin and Development of Heather Moorland. Scot. Geogr. Mag. 1902. Bartholomew's Naturalist's Map of Scotland (1 : 633 600). 1 Mk.

die Bevölkerung äußerst spärlich ist, gibt es im Innern der Hochlande Gegenden von geradezu schauerlicher Öde und Wildheit, und es gehörte die ganze moderne Überkultur und Kulturübersättigung dazu, um auch diese Landschaften schön zu finden. Freundlicher sind schon die breiten, offenen Täler der Ostseite; vor allem das Tal des Dee („Deeside“); hier gibt es noch (oder wieder) schönen, hochstämmigen Wald, stattliche Schlösser (Balmoral), blühende Ortschaften; der klare, rauschende Fluß lockt zum Fischfang; die Weidewirtschaft und selbst der Ackerbau gedeiht, wenn auch nur Hafer noch reif wird.

Wirklich schön ist aber, wie S. 109 geschildert, die Westküste und die südwestliche Ecke der Hochlande mit den malerischen Seen Loch Lomond, Loch Katrine u. s. w.

Ihren ernsten Grundzug wahrt aber die schottische Landschaft auch hier, schon weil die Seen und Fjorde meist trüben, dunklen Himmel widerspiegeln. Selbst die spärlich gesäten Siedelungen machen einen ernsten nüchternen Eindruck. Die durchweg einstöckigen, langen Häuschen sind weiß getüncht und mit dunklem Schiefer gedeckt; die kleinen Fenster stoßen oben unmittelbar ans Dach.

Der geologische Bau Schottlands*).

Er ist noch übersichtlicher als der orographische, dessen Grundlage er bildet. Die Southern Uplands bestehen hauptsächlich aus silurischen Schichten, welche stark gefaltet und verknickt sind, aber durchgängig von Südwesten nach Nordosten streichen. Eingelagert sind ihnen im Westen einige derbe Stöcke von Granit und verwandten kristallinischen Gesteinen (welche teilweise die Gipfel bilden); im Osten sind noch Reste einer Decke von Devon und Karbon (Kohlenkalk) vorhanden. — Die Lowlands sind geologisch betrachtet eine gesunkene und dabei auch etwas gefaltete Scholle aus Old Red Sandstone (Devon) und darüber Karbon (mit Kohlenflözen). Der mittelste, niedrigste Teil der so entstandenen Mulde ist vom Firth of Forth bedeckt, unter welchen die genannten Schichten von Süden her untertauchen, um im Norden wieder aufzusteigen. Die bei der Orographie erwähnten isolierten Höhenzüge in den Lowlands bestehen aus deckenförmigen

*) Vgl. A. Geikie: Recent Researches into the Origin and Age of the Highlands of Scotland and the West of Ireland Nature. 1889. — Bertrand: The Mountains of Scotland. Geol. Magazine 1893. — J. Geikie: Mountains. Scot. Geogr. Mag. 1901 und 1902.

Ergüssen jüngerer Eruptivgesteine, welche in die Senkung und Faltung hineingezogen wurden, der Verwitterung und Abtragung aber besser Widerstand leisteten als die Sedimente und daher nun selbständig aufragen.

Im Norden wie im Süden sind die Lowlands begrenzt von einer Bruchlinie (Verwerfungskluft), welche an der Nordseite allerdings

Fig. 11. Geologische Skizze von Schottland.

schärfer ausgeprägt ist, sodaß die Nordgrenze der Lowlands auf der orographischen, ganz besonders aber auf der geologischen Karte schärfer hervortritt als die Südgrenze. Da die Lowlands eine „Grabenversenkung“ oder, wie die Engländer neuerdings sagen, ein „Rift-Valley“ darstellen, so sind sie u. a. mit der oberrheinischen Tiefebene zu vergleichen. Die dammartig zu beiden Seiten des Grabens aufragenden älteren Schollen sind in Deutschland der Schwarzwald und der Wasgenwald, in Schottland die Southern Uplands und die Highlands.

Die Highlands bestehen aus einer geschlossenen Masse dunkler, versteinerungsarmer, offenbar stark metamorphischer Schiefer, welche man jetzt meist der kambrischen und silurischen Formation zurechnet. Die Lagerung ist noch stärker gestört als im südlichen Bergland, welches ja überhaupt ein abgeschwächtes Gegenstück der Hochlande darstellt. In letzteren liegt vielfach jene äußerste Faltung und Quetschung der Schichten vor, welche man als „Schuppenstruktur" bezeichnet. Auch die Granitstöcke sind in den Hochlanden mächtiger; sie bilden hier die höchsten Gipfel, so den Ben Nevis und den Ben Macdhui; besonders massenhaft treten Granite in den Grampians und

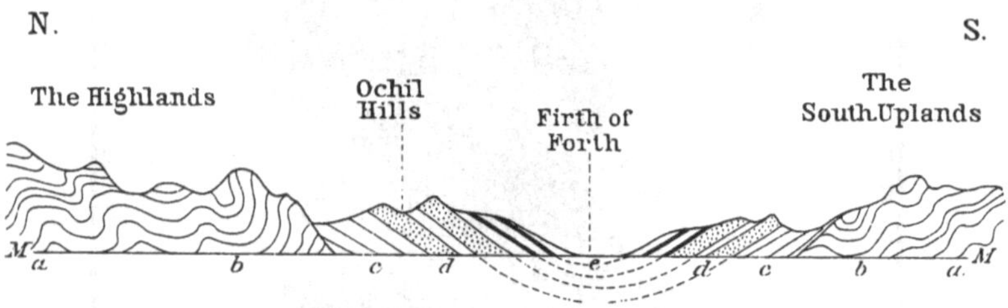

Fig. 12. Schematisches Profil durch die schottischen Lowlands und die Berglande zu beiden Seiten. (Nach Ramsay u. a.)

a b stark gestörte silurische Schichten, *c* Old Red Sandstone (Devon), *d* härtere, vulkanische Einlagerungen, *e* Kohlenformation, *M—M* Meeresspiegel.

östlich von ihnen auf. Nördlich vom Great Glen sind sie seltener. Dafür sind aber die Northern Highlands im Westen umsäumt von Basaltmassen, wie auf Skye, Mull und Staffa. Die äußeren Hebriden bestehen ganz aus Gneis und ähnlichen Übergangsgesteinen.

Eine besondere Betrachtung verlangt noch die Umgebung des Moray Firth. Die dort vorhandene, von den Highlands so verschiedene Küstenplatte besteht aus ganz anderem Material, nämlich dem uns schon bekannten Alten Roten Sandstein, welcher wahrscheinlich (vgl. S. 5) in großen Süßwasserseen gebildet wurde und daher stets nur isolierte und nicht sehr große Areale bedeckte.

Auch diese sind nun bei dem Zerbröckeln der britischen Landscholle stark verringert. Am breitesten entwickelt ist der „Old Red" (abgesehen von den Lowlands) noch in der flachen Halbinsel Caithneß, ferner bestehen die Orkneyinseln ganz aus diesen Schichten; ein dritter großer Bezirk von Old Red umlagert den innersten Teil des Moray bei Inverneß und bis tief ins Great Glen hinein.

Die Highlands und die Southern Uplands bildeten einst ein mächtiges, SW—NO streichendes Ketten- (Falten-)Gebirge, welches aber durch die Erosion schon am Schlusse der Silurzeit zu einem Plateau erniedrigt war. Dieses Plateau erfuhr nun in der Devonzeit teilweise Senkung und Untertauchung: es entstand der breite Graben der Lowlands, der schmalere des Glenmore, und es lagerte sich der Alte Rote Sandstein ab. Seitdem hob sich die ganze Scholle wieder und die Erosion begann aufs neue ihre Arbeit. Die heutigen „Berge" haben daher mit der ursprünglichen Aufwölbung der Schichten fast nichts mehr zu tun, sondern sind durch das fließende Wasser herausgeschnitten: entweder aus den gefalteten Schichten des alten Denudationsplateaus (*a*), oder aus den jüngeren, flach darüber gelagerten Schichten (*b*), oder endlich aus *a* mit Kappen von *b*. In allen Fällen spielt die Härte der Gesteine eine wesentliche Rolle.

Was die Abtrennung der äußeren Hebriden und die Entstehung des Minch angeht, so wird man folgende Stadien zu unterscheiden haben: erstmalige, nordsüdliche Grabenbildung quer durch die archäischen Schichten, spätestens am Beginne der Jurazeit: Ablagerung mesozoischer Sedimente; Hebung, durch welche diese Schichten Landoberfläche wurden. Neue Senkung in der Tertiärzeit, verbunden mit Basalteruptionen längs der östlichen Bruchlinie; Abbröckeln der Juraschichten bis auf die wenigen, heute auf Skye vorhandenen, hochinteressanten Reste.

Hydrographie.

Die schottischen Flüsse sind fast durchweg klare, rasche Bergströme von beschränkter Entwickelung, ihr Bett ist felsig und der Nutzen für die Schiffahrt meist gering; groß ist aber ihre talbildende Kraft. Eigentümlich ist vielen schottischen Flüssen, daß sie auf großen Strecken ihres Laufes zu Seen aufgestaut sind, was ohne Zweifel mit der Eiszeit zusammenhängt.

Die Flüsse des Südlichen Berglands sind unbedeutend bis auf den Tweed, welcher vom Lowther kommend im allgemeinen nach Nordosten fließt und die Osthälfte des Südlichen Berglandes entwässert. Er wie seine Nebenflüsse (der Teviot rechts) haben breite, hübsche Täler. In seinem kurzen Unterlauf wird der Tweed zum vielberufenen Grenzflusse zwischen Schottland und England; bei Berwick mündet er in die Nordsee.

Der Forth entspringt in den Hochlanden zwischen Loch Lomond und Loch Katrine, durchfließt ein paar kleine Seen und tritt bald in die Lowlands ein, welche er in zahlreichen Windungen (Links of Forth) durchwandert. Sein einziger erheblicher Zufluß ist der Teith (links), welcher bei Stirling mündet und ihm die Gewässer von Loch Katrine und Loch Vennachar zuführt; bei Alloa etwa erweitert sich der „River Forth" zum „Firth of Forth".

Der 200 km lange Tay ist der wasserreichste nicht nur unter den schottischen, sondern überhaupt unter den britischen Flüssen, was er jedenfalls der Speisung durch die zahlreichen Seen seines Zuflußgebietes verdankt. Er entspringt nahe der Westküste am Ben Lui, ist ein rechter, wilder Bergstrom, bis er sich in dem großen, langgestreckten Loch Tay geläutert hat; bald nachdem er diesen tief und breit verlassen, empfängt er von links die Abflüsse der Grampians und verschiedener Seen, durchbricht den Rand der Hochlande und tritt unterhalb Dunkeld in die Lowlands. Bei Perth ist er schon ein stattlicher, schiffbarer Fluß; hier beginnt er seinen Durchbruch durch den nördlichen vulkanischen Höhenzug der Lowlands (Ochils im Westen, Sidlaws im Osten) und verbreitert sich darauf allmählich zum Firth of Tay, welcher im Norden von einem Schwemmlandstreifen (Carse of Gowrie) eingefaßt ist, einen ziemlich schmalen Ausgang hat und viel mehr eine Flußmündung ist als der Firth of Forth.

Der Dee ist ein schneller, klarer, aber nicht tiefer Bergfluß, sein breites, baumreiches Tal bildet eine herbkräftige nordische Landschaft, welche einen ungemein beruhigenden Eindruck auf das Gemüt macht. Er mündet bei Aberdeen („aber", keltisch = Mündung) und dicht nördlich dieser Stadt mündet sein Bruderfluß, der Don, dessen Tal aber weniger reizvoll ist. Neigung zur Seenbildung ist in diesem Revier nicht vorhanden, auch nicht bei dem Spey, der ebenfalls ein kräftiger Hochlandssohn ist, unmittelbar südlich vom Great Glen entspringt, stracks nach Nordosten fließt, ein wildromantisches Tal, Strathspey, bildet und zum Holzflößen benutzt wird.

Im Great Glen liegt die niedrige, jetzt vom Kaledonischen Kanal durchschnittene Talwasserscheide, wie durchweg in Schottland, näher der Westküste; so zwar, daß Loch Lochy noch zum Firth of Lorn, Loch

S. 119.

Ein schottischer See. Loch Awe mit Kilchurn Castle.

Oich dagegen zum Moray abfließt. Nach Osten entwickelt sich denn auch der größere Fluß, der Neß, der größtenteils zum langen, schmalen Loch Neß aufgestaut ist, bei Inverneß aber breit, tief und klar, wie solchen Seeabflüssen eigen, zum Moray abströmt.

Eigentümlich ist die Hydrographie der Northern Highlands: See, Fluß, Fjord sind da in mannigfacher Weise verschmolzen, und durch die landeinwärts strömende Meeresflut werden die Verhältnisse noch verwickelter. Seenketten sind durch Stromschnellen verbunden, ergießen sich durch ebensolche Stromschnellen in Fjorde. Ebbe und Flut selbst wirken an engen, seichten Stellen der Fjorde stromartig. Die landschaftliche Stimmung der Gegend ist feierlicher Ernst. Loch Maree mit seinen hohen Bergkulissen und felsigen Inseln ist typisch für die Landschaft.

Die Clyde, der wichtigste Fluß Schottlands, nimmt eine vermittelnde Stellung ein: sie kommt aus den Southern Uplands, mündet in den Lowlands, erhält aber auch starken Zufluß aus den Highlands.

Die Clyde entspringt mitten im südlichen Berglande, nicht weit vom Tweed, durchfließt zunächst als recht bescheidenes Flüßchen das wiesenreiche Clydesdale, bildet beim Eintritt in die Lowlands die Falls of Clyde und wendet sich dann nach Nordwesten.

Noch bei Glasgow war die Clyde früher ziemlich seicht, durch unausgesetztes Baggern ist der Fluß aber stark vertieft und für große Seeschiffe fahrbar geworden. Bei Dumbarton mündet der Abfluß des großen Loch Lomond, bei Gourock beginnt der Firth of Clyde.

Die schottischen Seen (lochs oder freshwater-lochs im Unterschiede von den sea-lochs = Meerbusen) stehen mit dem Flußnetz in engster Verbindung und die wichtigsten wurden deshalb bei den Flüssen erwähnt; Loch Lomond ist der größte und neben Loch Katrine der schönste. Ihre wissenschaftliche Durchforschung ist noch im Gange (vgl. die Arbeiten von Murray und Pullar im Geographischen Journal 1900 und 1901). Wesentliche Unterschiede von den englischen (cumbrischen) Seen scheinen nicht zu bestehen.

Der Erklärung wird es Schwierigkeiten machen, daß bei einigen (z. B. Loch Katrine) die Sohle unter dem heutigen Meeresspiegel liegt.

Nach dem in der geologischen Skizze Gesagten sind die Flüsse und Täler Schottlands meist älter als seine Berge. Anderseits mußten die dort angedeuteten geologischen Veränderungen (Hebungen und Senkungen) auch die Flußsysteme wesentlich beeinflussen, sodaß dieselben heute ein kompliziertes, schwer erklärbares Bild bieten. Einige Fragen seien hier angedeutet. Die Täler der Clyde und des Tweed bilden eine fortlaufende Rinne, ja es besteht zwischen beiden bei Hochwasser eine Bifurkation. Ferner aber läßt sich die Rinne der Clyde westwärts durch mehrere Trockentäler bis ins Herz der Hochande verfolgen. Floß vielleicht einst, vor Entstehung der Lowlands, ein Fluß von den Hochlanden nach SO, die ganze bezeichnete Furche entlang? — Der Lauf des Tay zeigt einen wunderlichen Wechsel zwischen Quer- (Durchbruchs-) und Längstälern. Man hält jetzt im allgemeinen die Quertäler für älter und denkt sich hier als ursprüngliche Rinne einen Fluß = Garry-Tummel-Tay, an den sich dann die Längstäler erst später angegliedert hätten.

B. Politische Geographie.

Allgemeines.

Das „Königreich" Schottland ist zwar politisch vollständig mit England verschmolzen und es bestehen auch in Schottland keine gefährlichen partikularistischen Strömungen, aber doch wird die Grenzlinie zwischen beiden Ländern, auch in englischen Büchern und Karten, scharf gezogen und ist noch keineswegs bedeutungslos; in Britannien ist eben die Macht des Konventionellen sehr groß. Schottland hat seine eigene Rechtsverfassung, seine eigene Form des Protestantismus oder vielmehr mehrere eigene Formen desselben: die presbyterianische „Church of Scotland", die Free Kirk und weitere Sekten, es hat auch seine eigentümlich strenge Auffassung des Protestantismus, besonders in der Sonntagsheiligung, es hat sein eigenes Englisch, wie es uns in Burns' Gedichten entgegentritt, und — was dem allen zu grunde liegt — seine Bevölkerung ist ursprünglich anders zusammengesetzt. Zwar wurden die Kelten aus dem südlichen Schottland schon so früh verdrängt, daß wir für das Niederland und das Südliche Bergland eine wesentlich germanische Bevölkerung annehmen können, allein in den Hochlanden ist die keltische Sprache zum Teil noch heute lebendig, wenngleich fast nirgends mehr alleinherrschend; jedenfalls aber fließt in den Adern der echten Hochländer keltisches Blut und auch die physischen Merkmale des Gälentums, wie brünetter Typ, etwas vorstehende Backenknochen u. a. sind unverkennbar; sie überdauern den Verlust der eigenen Sprache und werden mit Stolz zur Schau getragen. Überhaupt ist bei den Schotten die nationale geschichtliche Tradition noch sehr lebendig, und die jahrhundertelangen erbitterten, so oft siegreichen Kämpfe gegen den südlichen Nachbar mußten auch eine gewisse Kluft hinterlassen. Der Schotte wird sich stets zunächst als Schotten, wohl als Briten, kaum aber als Engländer bezeichnen, er traut sich — nicht mit Unrecht — viel zu, gilt aber bei den Engländern für etwas knauserig und klüngelsüchtig. Ernste Lebensauffassung, großer Bildungseifer und zähes Streben sind ihm sicher eigen. Der Geograph kann den Gedanken nicht abweisen, daß die Natur des engen, armen, ernsten Landes sich in dem nüchternen, energischen Volkscharakter widerspiegelt.

Die alte Clanverfassung der Highlanders mit ihren ca. 40 Clans ist seit dem letzten für die Stuarts unternommenen Aufstande gewaltsam zersprengt worden, lebt aber noch fort in zahllosen Familiennamen wie Mac Gregor, Mac Intyre, Mac Dougall, worin der erste Bestandteil: Sohn, der zweite den alten Clan bedeutet. Auch mit den Clanabzeichen, wie überhaupt der alten malerischen Hochlandstracht, wird noch ein gewisser Kult getrieben; daß Schottland mit seinen Bergen, Buchten und Seen „the bonniest country in the world", ist dem echten Schotten nicht zweifelhaft, die Heimatliebe ist groß und anerkennenswert sowohl bei einem armen Dudelsackpfeifer als bei einem Großkapitalisten wie Carnegie, welcher Millionen auf Millionen für Wohlfahrtseinrichtungen in seinem Vaterlande spendet.

In Bezug auf die Volksdichte bestehen, wie S. 14 erwähnt, in Schottland die größten Gegensätze. Ganz Schottland hat 97000 qkm mit 4470000 Einwohnern, also 57 auf 1 qkm. Nach der Berechnung von Privat-Deschanel (Scot. Geogr. Mag. 1902, Novemberheft) kommen aber auf die Hochlande mit ihren 40000 qkm nur 700000 Einwohner (noch nicht 18 auf 1 qkm); die Southern Uplands mit ca. 20000 qkm haben 800000 Bewohner (doch schon 40 pro qkm); in den kleinen Lowlands mit nur 19000 qkm drängen sich d e übrigen drei Millionen Schotten zusammen (150 auf 1 qkm). Die Gründe für diesen Gegensatz sind auf seiten der Lowlands: Fruchtbarkeit, Wegsamkeit, Reichtum an nutzbaren Mineralien, was alles den Hochlanden abgeht.

Politische Einteilung. Die schottische Countyeinteilung ist jünger als die englische und geographisch weniger brauchbar; vor allem beachtet sie nicht die Grenze zwischen Hochland und Niederland, auch ist die Größe der Grafschaften gar zu verschieden; sie schwankt zwischen 130 qkm (Clackmannan) und 11000 qkm (Inverneß).

Zum Teil (besonders im Norden) sind die Grafschaften fast kleine Fürstentümer zu nennen, denn der ganze Grund und Boden gehört (privatrechtlich!) je einem Magnaten (Duke of Argyll, Sutherland u. s. w.) natürlich nur einem solchen, dessen Familie in dem letzten Bürgerkriege „loyal" gewesen ist; hier liegt also etwas Ähnliches vor wie in Irland: schlaue Clanhäuptlinge ließen sich von dem fremden Eroberer als Preis ihrer Unterwerfung mit der Scholle ihrer Clangenossen beschenken. So gehören denn etwa $^1/_3$ des schottischen Bodens einer Gruppe von nur 21 Menschen, in die volle Hälfte teilen sich auch nur 70 und $^9/_{10}$ gehört erst 1700 Besitzern. Daß Schottland trotzdem keine so bösen Agrarunruhen kennt wie Irland, liegt erstens daran, daß der religiöse Gegensatz fehlt, denn die Schotten sind doch fast alle Protestanten (Katholiken gibt es zahlreich nur in der Grafschaft Inverneß, wo sie der Grundherr begünstigte, und auf den Hebrideninseln Cana und Eigg); zweitens daran, daß der Pächterstand schon großenteils vertrieben und das Land zum Wildpark umgewandelt ist.

Im folgenden setzen wir das Bild der natürlichen Landesgestalt in seinen Grundzügen voraus und bilden aus den Counties kleine landschaftliche Gruppen.

Der Norden.

Die Grafschaften Caithneß, Sutherland, Roßshire sind im allgemeinen bergige, arme, schwach bevölkerte Landschaften; etwas günstiger ist nur die östliche Küstenzone gestellt, wo auf dem „Old Red" eine stärkere Ackerkrume liegt und die Landwirtschaft mit Fleiß und Geschick betrieben wird.

Caithneß ist verhältnismäßig flach, einförmig, an der Küste nicht unfruchtbar. Dort sieht man spät reifende Haferfelder, getrennt durch aufrecht stehende Schieferplatten; im Innern aber gibt es nur Moor und Heide, die Bewohner sind also doch auf die See angewiesen. Wick mit seinen dunklen Schieferhäusern ist eine Hauptstation der Heringsfänger; sein Name ist skandinavisch, wie überhaupt die Bevölkerung hier an der Ostküste skandinavischen Blutes ist. Im Norden an der Pentlandföhrde, westlich von Dunnet Head, stand einst eine einsame Siedelung „John o Groat's House"; von da bis zum „Land's End" rechnet der Brite sein Vaterland, wie wir „von der Maas bis an die Memel".

Sutherland ist schon viel bergiger, die Landschaft im Inneren reich an Felskuppen und einsamen Seen; der östliche Küstensaum fällt steil zum Meere ab, ist aber bewaldet (mit Nadelholz und Birken) und angebaut, während im Inneren nur Schafherden weiden; die Nord- und Westküste ist ganz wild und zerrissen (Kap Wrath). Die Siedelungen sind dürftig; einsam ragt an der Ostküste das stolze Dunrobin Castle empor, dem Herzog von Sutherland gehörig. Noch rauher und öder ist Roßshire, welches aber wegen seiner Seen, Heiden und Berge von Touristen und Jägern besucht wird (Eisenbahn Dingwall-Strome Ferry). Cromarty an der gleichnamigen Föhrde ist nur ein kleiner Hafen.

Die westlichen Hochlande.

Inverneß ist die größte schottische Grafschaft und umfaßt das ganze Glen More sowie die Hochlande zu beiden Seiten. Da der kaledonische Kanal nicht viel Wert hat und die Bodenkultur in den Hochlanden immer mehr zurückgeht, so ist die Bevölkerung sehr spärlich; auch das stattliche Inverneß an der Mündung (kelt. inver) des Neß in den Moray Firth, 21 000 Einwohner, ist hauptsächlich durch Fremdenverkehr aufgeblüht; in der Nähe, noch in der Küstenebene, liegt Culloden, wo 1746 Prinz Karl Stuart den Engländern unterlag. Am kaledonischen Kanal liegen Fort Augustus und Fort William (am Fuße des Ben Nevis), einst englische Zwingburgen im keltischen Lande, jetzt ebenso harmlose Touristenplätze wie im Inneren Kingussie an der großen Hochlandsquerbahn.

Argyle ist von allen schottischen Grafschaften am meisten gegliedert; es besteht nämlich aus all den bergigen, buchtenreichen Halbinseln und Inseln zu beiden Seiten des Firth of Lorn oder, wie dessen innere Teile heißen, Loch Linnhe und Loch Eil. Diese ganze Fjordlandschaft, wo sich Meer und Gebirge durchdringen, und wo einst die skandinavischen Wikinger mit den Kelten kämpften, ist jetzt völlig befriedet und wird zwar von Handelsschiffen fast gar nicht, wohl aber von Fischerbooten und — im Sommer — von prächtigen Lustdampfern und Jachten belebt. Eigene Hilfsquellen hat das Land kaum; der größte Ort, das freundliche Oban, jedem Schottlandfahrer wohlbekannt, besteht eigentlich nur aus Gasthäusern und Kramläden. Der Hauptort Inveraray, am träumerischen Loch Fyne, hat ein stattliches Schloß des jetzigen „Lord of the Isles“, des Herzogs von Argyle, ist aber sonst ganz still. Unter den Inseln sind zu erwähnen das großartige, düstere Mull und in seinem Gefolge Staffa mit der weltberühmten Fingalshöhle sowie Jona (sprich Eiohna) mit ehrwürdigen Denkmälern alter christlicher Kultur; auf Jona wirkte St. Columba, und zahlreiche schottische „Könige“ (d. i. Clanfürsten) wurden hier begraben.

Die äußeren Hebriden gehören politisch teils zu Roß-, teils zu Inverneßshire, bilden aber geographisch eine Einheit.

Die ganze langgestreckte Gneisfelsmasse ist aufs äußerste zerfetzt durch Fjord- und Schärenbildung, wegen der beständigen, meist stürmischen Westwinde fast baumlos und sehr dünn besiedelt. Der Hauptort ist Stornoway auf Lewis, der größten Insel, bekannt als Hafen der Heringsfischer und als Wetterstation, wo sich die von Westen kommenden Depressionen in der Regel zuerst ankündigen.

Über St. Kilda vgl. S. 107.

Die östlichen Hochlande und ihr Vorland.

Die kleinen Counties am Nordabhange der Hochlande: Nairn, Elgin, Banff sind alle drei ganz ähnlich gestaltet: Bergweiden im Süden, magere Äcker im Norden, an der Küste kahle, graue Fischerhäfen. Wie aber Schottland überhaupt eine über seine Größe und Einwohnerzahl hinausgehende Wichtigkeit in der Kulturgeschichte besitzt, so ist hier manches Städtchen dem Namen nach auch uns Deutschen vertraut: Cawdor, Forres, Macduff aus der schottischen Sage in Shakesperes Behandlung, Elgin durch den marmorfreundlichen Lord, Keith durch den fridericianischen General schottischer Abkunft. Jetzt pulsiert das Leben hier mit schottischer Nüchternheit.

Aberdeenshire, eine der größeren Counties, umfaßt die Ostabdachung der zentralen Hochlande (Grampians), also hauptsächlich die Täler des Dee und des Don, dazu noch eine flache, und durch Geschiebelehm fruchtbare Küstenplatte, die Landschaft Buchan. Das langgestreckte Deetal ist im oberen Teile eng und schön bewaldet, etwa bis Schloß Balmoral, wo die Königin Viktoria so gern weilte, weiter abwärts werden die Berge kahl und treten vom Flusse zurück, bei Ballater endet die Bahn.

Die Mündungsstadt ist Aberdeen, 155000 Einwohner, welches auf Granit steht und dessen Häuser fast durchweg aus (grauem) Granit gebaut sind; die Stadt hat bedeutenden Handel und Industrie (Spinnerei,

Weberei, Papierbereitung) und ist Sitz einer Universität. Nördlich, nach der nahen Donmündung zu, liegt Old Aberdeen. An dem stumpfen nordöstlichen Vorsprunge dieses Teiles von Schottland entstand der wichtige Fischereihafen Peterhead.

Der Südhang der Hochlande fällt fast ganz in die Grafschaften Perth nebst Forfar und Kincardine. Dies ist ein sehr begünstigter Teil von Schottland: Gebirge und Ebene reichen sich die Hand. Das Meer streckt ebenfalls einen Arm herein: den Firth of Tay; das Klima ist freundlich, die Talböden, besonders im „Strathmore", der „großen Mulde" und der Carse of Gowrie (am unteren Tay) sind fruchtbar. Der Tay, der wasserreichste Fluß von Großbritannien, ist die wichtigste Wasserader dieses Gebietes. Sein Tal und dessen nördliche Fortsetzung, Glen Garrie genannt, ist eine Haupteingangsstraße in die Hochlande, jetzt vom Highland Railway benutzt, mit den an sich unbedeutenden, aber in dieser dünnbesiedelten Gegend wichtigen Stationen: Dunkeld, Pitlochry, Blair Athol. Wo der Tay zwischen den Sidlaw- und den Ochil-Hills in breiter Lücke durchbricht, also an einem wichtigen Passe, liegt Perth, eine in der schottischen Geschichte bedeutende Stadt, jetzt noch belebt durch etwas Industrie (Weberei, Färberei) und viel Fremdenverkehr. In der Nähe, bei Scone, stand der berühmte, aus Irland gebrachte Stone of Destiny, auf dem die schottischen Könige gekrönt wurden; jetzt befindet er sich in der Westminsterabtei zu London (übrigens ein einfacher Block von Old Red).

Am Firth of Tay ist der Haupthafen das betriebsame, 160000 Einwohner zählende Dundee, welches früher sehr zahlreiche Walfänger aussandte, jetzt aber hauptsächlich Jute und Leinenfaser verspinnt und Seehandel treibt. Die große Eisenbahnbrücke über den Taybusen wurde 1879 vom Sturm zerstört, aber mit schottischer Zähigkeit dicht daneben wieder aufgebaut. Am Nordabhange der landschaftlich nicht reizlosen Sidlowberge steht das aus der Macbethgeschichte bekannte Schloß Glamis, ein mächtiger Bau mit zahlreichen Erkern und Türmchen.

Im westlichen Perthshire liegt auch noch der romantische Bezirk, wo Scotts Lady of the Lake spielt: Loch Katrine, die Trossachs, Ben Venue; es ist ein begnadeter Erdenwinkel, dessen frischkräftige Schönheit selbst durch einen wahren Strom von Touristen und das moderne Hotelgetriebe nicht zerstört werden kann.

Die Halbinsel Fife.

Die zwischen den Mündungstrichtern des Tay und des Forth gelegene, im Nordwesten durch die Ochilhügel ziemlich abgeschlossene Halbinsel Fife umfaßt außer der Grafschaft Fife noch Kinroß und Clackmannan (die kleinste schottische Grafschaft).

Das ganze Ländchen ist hügelig, fruchtbar und treibt vorwiegend Landwirtschaft, doch ist im Südwesten, gerade an der Mündung des Forth, ein kleines Kohlenrevier mit dem Hauptorte Alloa. Dunfermline hat viel Leinenweberei, und Kirkcaldy ist ein lebhafter Hafenplatz. An der Nordostküste liegt St. Andrews mit der kleinsten schottischen Universität und den Ruinen einer ehrwürdigen Kathedrale (inmitten der Stadt).

Die westlichen Lowlands.

Wie oben erwähnt, durchschneidet die schottische Grafschaftseinteilung die Grenze zwischen Hochland und Niederland*): Perth und seine Nachbarn haben Anteil an beiden; anderseits liegt Fife zwar ganz in den Niederlanden, ist jedoch ziemlich bergig. Die Counties der nun folgenden Gruppe liegen größtenteils im Gebiet der Niederlande, haben aber auch Anteil an den Hochlanden oder am Südlichen Bergland. Es sind: Stirling, Dumbarton, Renfrew, Lanark und Ayr. Hier finden wir die zwei größten schottischen Kohlenreviere, das eine zwischen Glasgow und Falkirk, das andere südlich von Kilmarnock. Da nun auch noch gute Eisenerzlager vorhanden sind, so hat sich hier, besonders im 19. Jahrhundert, Bergbau und Industrie lebhaft entwickelt und zugleich die Bevölkerung stark verdichtet. Zu dem Bergbau und Hüttenbetriebe traten, angelockt durch die gute und billige Kohle, allerlei andere Industrien, welche dann für den Export ihrer Produkte den billigen Wasserweg im Osten und Westen offen fanden. Hinzu kam der Import von Rohstoffen und von Lebensmitteln, und so erfolgte hier auf engem Raume zwischen Einöden im Norden und Süden, Meeren im Westen und Osten eine staunenswerte Anhäufung von Bergwerken, Fabriken, Wohnplätzen. Auf diese Weise entstand auch als Zentrum des ganzen Be-

*) Vielleicht spricht sich hierin der feudale Ursprung der schottischen Grafschaften aus: die Magnaten legten Wert darauf, neben den Jagd- und Weiderevieren des Hochlands auch Anteil an den Äckern der Lowlands zu haben!

zirkes Glasgow, ein unheimlich anschwellender Stadtriese. Das geographische Glasgow mit seinen 900 000 Bewohnern umfaßt ein volles Fünftel der schottischen Bevölkerung, es ist „the second city of the British empire“.

Seine Bedeutung liegt vor allem in der Metallindustrie, besonders im Bau von großen, eisernen Schiffen, welche man auf den Werften an der Clyde unterhalb der Stadt stets zu Dutzenden in allen Stadien der Vollendung sehen kann. Ein Drittel des britischen Schiffbaus wird in Glasgow geleistet. Aber auch die schottische Textilindustrie hat in Glasgow ihren Mittelpunkt und die chemische Industrie keinen wichtigeren Platz in Großbritannien. Bierbrauerei und Whiskybrennerei sind ebenfalls bedeutend. Trotz vorzüglicher Eisenbahnverbindungen ist noch immer die Clyde die Lebensader für Glasgow; sie ist es aber nur durch die Energie der Bürger, welche das oberhalb Glasgow seichte Flüßchen andauernd so vertieft haben, daß heute mittelgroße Schiffe, ohne zu leichtern, an die Stadt gehen können (die größeren aber nur mit der Flut). Wie die meisten englischen Industriezentren war auch Glasgow bei der rapiden Entwickelung im 19. Jahrhundert der Verwaltung sozusagen über den Kopf gewachsen, Elend, Schmutz, Krankheit und Laster hatten sich, besonders im Ostende, furchtbar gehäuft. Am Schlusse des Jahrhunderts hat aber eine rücksichtslos durchgreifende Stadtverwaltung große Reformen zu stande gebracht, und jetzt ist Glasgow fast eine schöne, jedenfalls eine stattliche und eine ziemlich gesunde Stadt zu nennen. Es besitzt eine Universität, eine presbyterianische Kathedrale und besonders schöne öffentliche Parks. Die Arbeiterbevölkerung ergänzt sich zum großen Teil aus katholischen Iren. — Gewerbfleißige Trabanten Glasgows sind im Westen Paisley, 80 000 Einwohner, mit Spinnerei und Weberei, und Renfrew (Schiffbau), im Osten Coatbridge-Airdrie, inmitten des Kohlen- und Eisenreviers, im Südosten Hamilton, Industriestadt, aber mit prächtigem Park des Herzogs von Hamilton; flußabwärts liegen als Vorhäfen Port Glasgow und Greenock (70 000 Einwohner) mit großem Schiffbau. Noch weiter westlich am schönen Forth of Clyde finden wir die Badeorte und Sommerfrischen für die rauchgeplagten Glasgower: Helensburgh, Dunoon, Rothesay.

Dumbarton, die Hauptstadt der gleichnamigen Grafschaft (der Name bedeutet wohl Festung der Briten), liegt am nördlichen Ufer der Clyde, wo diese den Abfluß des Loch Lomond empfängt, und ist besonders bekannt durch seine auf einem vereinzelten Felskegel unmittelbar am Flusse sich erhebende, uralte Burg.

Der Loch Lomond mit seiner schönen, bergigen Umgebung ist ebenfalls ein großer Erholungspark für die Glasgower Industriebevölkerung; der Loch Katrine muß das Wasser für die Riesenstadt liefern. Stirling, wo der Forth zwischen Lennox- und Ochilhügeln durchbricht, kann man wegen seiner Lage und militärischen Bedeutung mit Perth vergleichen. Sein hochragendes Schloß ist in Verbindung mit dem Namen der Douglas auch in Deutschland wohlbekannt. Einige Meilen südlich davon liegt das Schlachtfeld von Bannockburn.

Der Glasgower Industriebezirk erreicht auch im Osten das Meer, den Forthbusen. Grangemouth und Bo'neß (eigentlich Borrowstounneß) sind dort seine Ausfuhrhäfen (besonders auch für Kohle). Für das kleinere, südliche Kohlenfeld ist Ayr der Haupthafen, mit Verkehr nach Liverpool und Irland. Ayr liegt schon an den Ausläufern des südlichen Berglandes; in dieser Gegend wurde Burns geboren, Schottlands größter Lyriker, dessen geliebte Hochlande zunächst also das südliche Bergland bedeuten. Ganz in deren Bezirke liegt das südliche Lanarkshire oder Clydesdale. Als seichtes Flüßchen plätschert dort die Clyde durch grüne Wiesen, auf denen eine bekannte kräftige Pferderasse gezüchtet wird. Die wichtige englisch-schottische Verbindungslinie Carlisle-Carstairs benutzt auch dieses Tal.

Edinburgh und die Lothians.

Linlithgow (Westlothian), Edinburgh (Midlothian), Haddington (Eastlothian).

Die drei Grafschaften bilden die Nordostecke der Lowlands und sind deren allgemeinem Charakter entsprechend teils flach, teils bergig (die felsigen Pentlandhills), reich an nutzbaren Mineralien (Kohlenrevier von Midlothian mit Paraffinerzeugung) und dicht bevölkert.

Linlithgow ist am meisten ländlich und friedlich; dort liegt an einem kleinen See auch das alte Schloß Linlithgow, der Geburtsort Maria Stuarts; weiter östlich, nach Midlothian zu verkünden aber die sich scharenden Verkehrswege und Siedelungen die Nähe der stolzen Hauptstadt Schottlands:

Edinburgh (eigentlich Edwinsburg, nach einem northumbrischen König benannt), 315000 Einwohner. Diese wunderbare Stadt liegt etwa eine Stunde vom Forthbusen entfernt auf zwei parallelen Bergrücken; auf dem höheren, östlichen die Burg und die Altstadt, auf dem flachen, westlichen die Neustadt. In letzterer, aber entlang der Grenzlinie zwischen beiden, zieht sich die breite prächtige Princeßstreet; sie macht einen ganz eigenartigen Eindruck: auf der einen Seite Hotels und prächtige Läden, auf der anderen eine tiefe Schlucht, deren Abhänge mit Anlagen bekleidet sind, und in welcher die Eisenbahn einherbraust. Jenseits der Schlucht erhebt sich eine steile, graue Felswand, die gekrönt ist von dem wohlerhaltenen, erinnerungsreichen Schlosse, jetzt teils Museum, teils Kaserne (des schottischen Garderegiments Black Watch). Nach Norden dacht sich der Burgberg flacher ab und ist bedeckt von dem Gassengewirr der Altstadt, deren viel- (bis 14-) stöckige Häuser jetzt fast nur noch die niederste Volksklasse beherbergen.

Auch außer der Princeßstreet, an der das Scott-Monument und viele schöne öffentliche Gebäude liegen, hat die Neustadt fast lauter breite, stattliche Straßen. Sie kulminiert im Calton Hill, der von mehreren Denkmälern und einer (unvollendeten) Nachahmung des Parthenons gekrönt ist.

Die politische Rolle Edinburghs ist ausgespielt. Die geistige und soziale Hauptstadt Schottlands ist Edinburgh aber geblieben. In Glasgow lebt der Schotte hauptsächlich dem Erwerb, in Edinburgh vorwiegend edleren und feineren Zwecken. Hier ist die berühmte (besonders medizinische) Universität, hier sind zahlreiche andere wissenschaftliche Institute und Kunstsammlungen, hier die obersten schottischen Gerichtshöfe, und nächst London ist Edinburgh der Mittelpunkt des britischen Buchhandels*).

Der geschäftige, aber unschöne Seehafen für Edinburgh und das übrige östliche Schottland ist Leith, 75 000 Einwohner, mit viel direktem Verkehr nach Deutschland und Skandinavien; westlich schließt sich daran Newhaven, ursprünglich eine Kolonie skandinavischer Fischer; die Frauen tragen noch heute ihre besondere Tracht. Östlich von Edinburgh liegt ein schöner großer Badeort — Portobello.

---

*) Über Edinburghs Lage und natürliche Vorzüge haben die schottischen Geographen in letzter Zeit eifrig und begeistert geschrieben. Man vergl. Scot. Geogr. Mag. 1895 (The Site of Edb.). Dass. 1902 (Edb. and its Region. Physiography of Edb.). Warum die Hauptstadt Schottlands gerade an dieser Stelle entstand, scheint mir trotz allem nicht bündig nachgewiesen. Daß der Burgfelsen den Paß zwischen den Pentlands und der See sperrte, kann man zugeben. Wir kommen damit aber schon zu den militärischen, feudalen, kurz den historischen Ursachen, welche so oft die Lage der Landeshauptstadt beeinflußten.

Eine abgekürzte Eisenbahnverbindung zwischen Edinburgh und dem nordöstlichen Schottland besteht jetzt vermittelst der eisernen, ohne Zweifel großartigen, wenn auch ästhetisch nicht sehr befriedigenden Forthbrücke bei Queen's Ferry.

Haddingtonshire oder East Lothian zwischen den Lammermuirhügeln und der See ist rauh, uneben, hat aber eine großartige Küstenlinie mit North Berwick, dem Baß Rock, und in Dunbar den bedeutendsten Fischereihafen des südlichen Schottlands.

Die vier südöstlichen Grafschaften

Peebles, Selkirk, Berwick, Roxburgh bilden eine gute natürliche Einheit. Diese ist das Flußgebiet des Tweed und seiner zahlreichen Nebenflüsse, ein Bergland mit kahlen, heide- und moorbedeckten Höhen, aber wohnlichen, wald- und wiesenreichen Tälern. Breit ist das Tal des Teviot zwischen den Southern Uplands und den Cheviots; noch breiter und sehr fruchtbar vom Vereinigungspunkte des Teviot und Tweed der Talboden am letzteren entlang: „The Merse" genannt.

Einst hallten diese Täler wieder von Adelsfehden und Grenzerkriegen; jetzt sind sie ganz still. Seit alters wird die Wolle der Bergschafe zu guten Tuchen verwebt, die man bei uns Cheviots, in England aber Tweeds nennt. Die Burgen und die Abteien liegen meist in Trümmern, wie das herrliche Melrose und Jedburgh. Die Städte sind klein und altertümlich. Von ihnen seien erwähnt Hawick am Teviot, Galashiels und Kelso am Tweed.

Die drei südwestlichen Grafschaften

Wigtown, Kirkcudbright und Dumfries liegen ganz im Gebiete der Southern Uplands; silurische Schiefer und Kalke und in großen Bezirken auch Granite bilden den Boden, welcher in den höheren Lagen nur Schafzucht, in den weiten, südlich zum Solway sich öffnenden Haupttälern wie Nithdale und Annandale aber auch Ackerbau ermöglicht. Kirkcudbright ist auch Namen einer Stadt und bedeutet Kirche des heiligen Cuthbert, mit Wigtown zusammen heißt es als Landschaft Galloway, daher die westlich vorspringende hammerförmige Halbinsel und Bergkette: Rhinns of Galloway (mit dem Vorgebirge Mull of Galloway). Dort hat man mit großen Kosten einen Hafen für die Überfahrt nach dem nahen Irland gebaut: Port Patrick, der aber von der See sehr beschädigt worden ist.

Die bedeutendste Stadt des ganzen Gebietes ist Dumfries am Nith (mit dem Grabe von Burns). Es liegt erstens an der großen Straße, welche durch das Nithtal nach Kilmarnock und weiter nach Glasgow führt, ferner zweigt sich hier der Weg über Port Patrick nach Belfast ab.

Die Orkneyinseln

sind eine durch Senkung, Erosion und Brandung zertrümmerte Platte von devonischem Sandstein und genau gebaut wie Caithneß, dessen Fortsetzung sie bilden, daher zwar steilwandig, aber oben flach außer Hoy, wo den Sandstein vulkanische Gesteine durchbrechen. Die Bewohner (29 000) leben von Schafzucht und Fischfang; wie auch die Ortsnamen beweisen, sind sie skandinavischen Ursprungs; sie haben auch einst das „Südland", Sutherland, beherrscht. Wohl von ihren keltischen Vorgängern aber rühren die wohlerhaltenen vorgeschichtlichen Denkmäler her wie die „Stennissteine".

Ein devonischer Sandsteinblock ist auch nördlich die einsame Fair Isle, jedenfalls = „Schafinsel" (vgl. Fär Öer).

Die Shetlandinseln

dagegen sind geologisch ebenso bunt zusammengesetzt (aus alten Sedimenten und vulkanischem Gestein), wie ihre Küstenlinien kraus und ihre Felswände wunderlich gestaltet sind. Einsam ist es hier auf diesem äußersten nördlichen Vorposten Britanniens. Nur Moos und kurzes, saftiges Gras überziehen die Felsen, aber Schafe und kleine ausdauernde Ponies gedeihen und vermehren die Einnahmen des kräftigen, skandinavischen Völkchens (28 000 Seelen), welches sonst auf Fischfang angewiesen ist. Auch als Zufluchtshafen wird der Hauptort Lerwick auf Mainland wohl angelaufen. Bemerkt sei noch, daß der ganze Grund und Boden einem einzigen schottischen Magnaten gehört und daß auf der Inselgruppe tatsächlich *ein* Baum vorhanden ist (oder — war?)

IV.

Irland.

A. Physische Geographie.

Horizontale Gliederung und Küstenbildung.

Irland ist ein unregelmäßiges Parallelogramm, dessen längere Achse von Südwesten nach Nordosten verläuft und dessen südliche, schmale Grundlinie annähernd eine gerade Linie bildet. Die Gliederung im großen ist gering, im einzelnen aber um so reicher, besonders an der Nord- und an der Westseite, welche beide den häufigsten Winden, der stärksten Brandung ausgesetzt, orographisch und geologisch sehr mannigfach gestaltet sind. Man kann — von den kleinen Küsteneinschnitten abgesehen — über 20 größere Buchten aufzählen, welche meist Bay, aber auch Harbour, Lough (keltisch = See), ja, bei entsprechender Form, auch River genannt werden.

Wir beginnen unsere Wanderung an der Westfront. Trotzig, bastionsmäßig springt dort die bergige Halbinsel Connaught zwischen Donegal- und Galwaybai in den Atlantischen Ozean vor. Die viereckige Grundform ist noch zu erkennen; die Seiten aber sind ganz zerfetzt, aufgelöst in ein Gewirre von tiefen, ausgezackten Buchten, Halbinseln, Inseln und Klippen. Steile Felsküste herrscht in ganz Irland vor, ist aber nirgends so großartig ausgebildet wie gerade hier an der Westküste von Connaught. Auf der Insel Achill steigen die Felswände zum Teil 600 m hoch schroff aus den Fluten empor*). Etwa in der Mitte der Westseite von Connaught liegt die geräumige, viereckige Clewbay, von ganzen Schwärmen grünbewachsener Felseneilande umsäumt. Tiefer noch reicht die Galwaybucht ins Land hinein, nach außen abgedämmt durch die felsigen Arraninseln, im Süden begrenzt von steilen bis 200 m hohen, fast senkrecht abbrechenden,

*) Die außerordentliche Zersplitterung dieser Küste hängt zusammen mit der bunten geologischen Zusammensetzung aus verschiedenen, vorwiegend kristallinischen Gesteinen, deren Lagerung noch dazu stark gestört ist.

horizontal gelagerten Kalken und Sandsteinen der Kohlenformation. Infolge der einförmigen Gesteinsbildung wird die Küstenlinie selbst nun zwar glatter, bleibt aber felsig; im Fels liegt auch das lange, mehrfach ausgesackte Ästuar des Shannon; da ist keine Spur von Alluvion oder gar Deltabildung.

Die Südwestecke Irlands ist dann wieder sehr reich und auffallend gegliedert. Wie die Finger einer Hand oder die Zinken einer Gabel strecken sich hier eine Anzahl fast paralleler, bergiger Halbinseln nach Südwesten; zwischen ihnen liegen, genau den Talmulden entsprechend, lange, schöne, manchmal flußähnliche Buchten (die größten und schönsten sind Dingle Bay, Kenmare River, Bantry Bay). Die bergigen Halbinseln setzen sich zum Teil noch in Inseln und Klippen fort. Der ganze Bezirk ist klimatisch und landschaftlich sehr begünstigt, da er gegen Norden durch hohe Berge geschützt ist und die rauhe Brandung nicht in das fast trauliche Innere der Buchten gelangt.

Geographisch-geologisch wird diese auffallende (wiewohl nicht einzigartige) Küstenbildung von den Engländern noch nicht einheitlich erklärt. Da die Bergkämme aus härterem devonischen Sandstein bestehen, die Buchten aber (wie einige Restschollen beweisen) in dem weicheren Kohlenkalk ausgenagt sind, so meint noch Geikie in einseitig geologischer Auffassung, durch die wilde Brandung des Ozeans seien die Buchten in dem weicheren Gestein ausgehöhlt worden und dazwischen seien die härteren Sandsteinbänke stehen geblieben. Allein so bohrerartig, senkrecht zur Küstenlinie, wirkt die Brandung nicht, auch erreicht sie ja gar nicht das Innere der Buchten, arbeitet vielmehr draußen daran, die noch stehenden Vorsprünge abzunagen. Die richtige Deutung gab schon Hull. Die Buchten sind untergetauchte Längstäler, sie waren schon vor der Untertauchung durch den inneren Gebirgsbau sowie die Verwitterung und Abtragung gebildet. Richtig bleibt an der Geikieschen Auffassung nur, daß allerdings die ozeanische Seite Irlands die Luvseite, die Wetterschlagseite ist und daß deshalb die Oberflächenformen stark aufgelöst sind, was dann bei säkularer Senkung ein kompliziertes Küstenbild ergibt. Man bezeichnet jetzt nach Richthofens Vorgange eine solche Küstenbildung als „Riasküste"; der Name stammt aus dem nordwestlichen Spanien (Galicien).

Die irische Südküste verläuft im allgemeinen geradlinig, von WSW nach ONO, entsprechend dem Streichen der Küstengebirge und der herrschenden Meeresströmung. Trotzdem sind im einzelnen mehrere nicht unbedeutende, für die Schiffahrt sogar sehr wertvolle Einbuchtungen da, welche senkrecht oder fast senkrecht zur Küstenlinie verlaufen, mit dem Flußsystem im engsten Zusammenhange stehen und ihre Erklärung auch bei dessen Besprechung finden werden (s. u. S. 143).

Wir erwähnen den geräumigen Cork-Harbour, ein ganzes, überschwemmtes Talsystem, im allgemeinen quer zur Streichrichtung der Gebirge, aber mit Seitenarmen, welche Längstälern entsprechen, mit Inseln, die Reste von versenkten Bergkämmen sind; ferner das schmalere Ästuar des Blackwater, auch Youghal-Harbour genannt, und das gemeinsame Ästuar von Barrow und Suir, welches Waterford-Harbour heißt.

Die scharf vorspringende Südostecke Irlands, Carnsore Point, ist ein Restchen von hartem Granitgestein, welches zugleich die dahinterliegende Halbinsel schützte. Der nördlich sich anschließende Wexford-Harbour ist nur scheinbar eine haffartige Bildung, denn die schmale vorgelagerte Landzunge besteht nicht aus Dünensand, sondern aus festem (cambrischem) Gestein. Die nun folgende, recht glatte Küstenstrecke entspricht der massigen Erhebung der Wicklow-Mountains, die mit schwer löslichen Schiefern und Graniten in geschlossener Basis ans Meer treten. Wicklow Head ist der östlichste Punkt.

Die von den Iren vielgepriesene rundliche Bai von Dublin liegt fast genau in der Mitte der irischen Ostküste, für den Verkehr also sehr günstig; sie ist umgeben von malerischen Bergen; im Norden ruht der Blick auf der felsigen Halbinsel Howth und der kleinen Insel Ireland's Eye.

Weniger wichtig ist die Dundalkbai; auch dem landschaftlich schönen Carlingford-Lough, der sich zwischen die Granitmassive des Slieve Gullion und der Mourne Mountains drängt, fehlt das rechte Hinterland. An Wexford Harbour erinnert der längliche Strangford-Lough mit flacher, doch nicht alluvialer Umgebung. Belfast Lough dagegen ist eine hornförmig gebogene Föhrde mit teils sanft ansteigenden, teils steilen, geologisch sehr interessanten Ufern.

Die nun folgende Küstenpartie (Grafschaft Antrim) ist vielleicht die bekannteste von ganz Irland. Sie ist in ihrer großartigen landschaftlichen Erscheinung nur aus dem geologischen Bau des Landes zu verstehen, wo wiederholt vulkanische Massen sich über sedimentäre Schichten breit und flach ergossen haben. An der Küste nun schuf die Brandung klare Profile, und da sieht man denn „über den blendend

Steilküste im nördlichen Irland. Der Riesendamm.

weißen, 30 m hohen, zerklüfteten und vom Meere zernagten, vollkommen senkrechten Wänden der Kreide die mächtige, kohlschwarze Decke des Basaltes“ (Lasaulx). An anderen Stellen sind auch Basalte und Sedimente in Wechsellagerung sichtbar, wieder anderswo tritt (wohl infolge von Verwerfungen) das vulkanische Gestein selbst ins Meer, wie in dem berühmten Riesendamm (Giants' Causeway), östlich von Portrush, wo der prismatisch abgesonderte Basalt in mehreren Terrassen mit Tausenden meist sechsseitiger Säulenstümpfe zum Meere hinabsteigt*). Die Nordostecke Irlands, Fair Head, ist von dem schottischen Mull of Cantyre durch den hier nur 18 km breiten Nordkanal getrennt.

Die gebirgige Halbinsel Donegal zwischen Lough Foyle und der Donegalbay mit dem tiefen Mittelfjord Lough Swilly ist wohl mit Connaught zu vergleichen: hier wie dort dieselbe düstere, wilde Küstenszenerie; die Felswände des Slieve League im Norden der Donegalbai geben denen von Achill nicht viel nach, ein trotzigeres Vorgebirge als Malin Head, kühnere Felsbildungen als bei Carrick a Rede sucht man auf den Britischen Inseln vergebens. Flacher und freundlicher sind die südlichen Gestade der Donegalbucht mit ihren Abzweigungen Sligo- und Killalabai.

Geologische Skizze von Irland.

Unsere Küstenwanderung führt uns schon dazu, Irland zu erfassen als eine nicht übermäßig hohe, aber steilrandige und an den Rändern fast überall ausgefranste, abbröckelnde Erdscholle. Betrachten wir nun die geologische Zusammensetzung dieser Scholle und ihre Entwickelungsgeschichte; wir werden sehen, daß die gegenwärtige Oberfläche ebenso ein Zerstörungsprodukt ist wie die Umrandung. Die auffallendste Tatsache ist die, daß jüngere als paläozoische Formationen außer in der nordöstlichen Ecke ganz fehlen, während diese Formationen, also Cambrium, Silur, Devon, Karbon die einen hier, die einen da mächtig entwickelt sind. Mit einiger Sicherheit kann man daher annehmen, daß mit dem Schlusse der paläozoischen Zeit Irland sich aus den Fluten erhob und nicht wieder von ihnen bedeckt wurde, dagegen in den langen, seitdem verflossenen Zeiträumen beständig den zerstörenden Einflüssen der Atmosphärilien ausgesetzt

*) Vgl. Keilhack, Der Giants' Causeway. Prometheus 1896.

war. Diese haben denn auch ein gewaltiges Stück Arbeit geleistet, und das heutige Irland ist, geologisch gesprochen, eine Trümmerstätte im schärfsten Sinne des Wortes. Verschwunden, fortgespült sind fast gänzlich die einst weitverbreiteten Schichten der produktiven Steinkohlenformation — zum großen Schaden des Landes — und das einzige größere Kohlenfeld ist das von Leinster, zwischen Kilkenny und

Fig. 13. Geologische Skizze von Irland.

Carlow. Verschwunden ist auch bis auf einen Bezirk im südwestlichen Irland der harte Kohlensandstein (Millstone Grit). Auf um so größeren Räumen dagegen liegt jetzt der Kohlenkalk entblößt, dessen leicht einzuebnende, ohnehin zum Teil flach gelagerte Schichten dem größten (mittleren) Teile Irlands den Tieflandscharakter aufprägen, welchen wir Norddeutsche uns meist mit loseren Bildungen verbunden denken. (Vgl. übrigens S. 7.) Wo auch der Kohlenkalk entfernt ist, was besonders da geschah, wo die Schichten zu Gebirgen aufgerichtet sind, tritt im südwestlichen Irland die devonische, im östlichen die noch ältere silurische und im Nordwesten die archaische, stark metamorphische Formation zu Tage. Von altvulkanischen, kristallinischen Gesteinen ist am verbreitetsten der Granit, der vor allem im Südosten in den Wicklow-Mountains) in einem sehr breiten und mehreren schmaleren Streifen auftritt, aber auch im Nordosten (den Mourne Mountains) und im Nordwesten (Donegal) den Kern von Gebirgsgruppen bildet. Jüngeren (jedenfalls tertiären) Alters sind die deckenförmigen Basaltergüsse von Antrim im Nordosten, welche an der Steilküstenbildung so hervorragenden Anteil haben. Unter der schützenden Decke des Basaltes hat sich dort zugleich eine hochinteressante Folge aller sedimentären Schichten, von der Trias bis zur Kreide reichend, erhalten, Ablagerungen, welche hier natürlich nicht isoliert stattgefunden haben, sondern als Ausläufer der weiter östlich erfolgten umfangreicheren Meeresbildungen anzusehen sind.

Orographische Gestalt*).

Allgemeines. Nach der geologischen Skizze haben wir in dem Relief des heutigen Irlands nur Trümmer, Reste von Gebirgen zu erwarten, und dies trifft durchaus zu. Die Auflösung der zusammenhängenden Erhebungen in einzelne Berggruppen ist hier noch viel weiter fortgeschritten als auf der Schwesterinsel, und zwar lehrt schon eine flüchtige Betrachtung, daß die Berggruppen vornehmlich die Ränder der Insel umsäumen, wogegen die Mitte (das Gebiet des Kohlenkalkes) Tiefland ist. Die aufragenden Massen sind im allgemeinen die älteren und zugleich die härteren Gesteine (z. B. die silurischen Quarzite und die Granite), die Ursache ihrer Erhebung meist aber seitlicher Schub: Faltung. Die Höhen liegen im allgemeinen zwischen 500 und 1000 m; der Name Mittelgebirge ist also angebracht, nur daß man dabei nicht an unsere schön beforsteten Mittelgebirge denken darf, denn die irischen Gebirge sind bis auf wenige Talgehänge ganz entwaldet, mit Heide und Torfmoor überzogen (wo nicht der kahle Fels bloßliegt), die niederen Hügel mit Gras bewachsen oder beackert.

*) Bartholomew's Reduced Ordnance Survey Map ist leider für Irland noch nicht erschienen, sodaß eine Zwischenstufe zwischen den vorzüglichen, aber natürlich sehr teuren Blättern der Ordonnanzkarte und den Übersichtskarten fehlt. Von letzteren seien erwähnt: Bartholomew's Tourists Map of Ireland (1 : 633 600). Stanforts Travelling Map of Ireland (1 : 800 000); letztere in der Topographie veraltet.

Die irischen Gebirge lassen sich in natürliche Gruppen zusammenfassen, am besten nach den vier alten Königreichen, in welche Irland seit alters zerfällt (woraus dann wiederum hervorgeht, daß diese alten Königreiche natürliche Einheiten sind). Wir betrachten dementsprechend:

Die Gebirge von Connaught (oder die Hochlande von Mayo und Galway).

In der viereckigen Halbinsel, deren romantische Küstenbildung und deren geologische Formation oben besprochen wurde, erheben sich zahlreiche Berggruppen und Einzelberge, getrennt durch Buchten und die ihnen landeinwärts entsprechenden Talflächen sowie durch vielverzweigte Seen.

In der nördlichen Hauptgruppe (den Bergen von Mayo) ragt weithin sichtbar der kegelförmige, 800 m hohe Nephin auf, ein Einzelberg aus hartem, weißem Quarzit.

In der anderen Hauptgruppe, südlich der Clewbai, erheben sich rauhe Quarzitkuppen truppweise auf gemeinsamem Sockel (The twelve Pins). Hart, kahl, ernst ist die Stimmung dieser Landschaft, gemildert nur durch die stets regenfeuchte Luft und manch prächtigen Sonnenuntergang*).

Die Gebirge von Ulster. Die Hochlande von Donegal und die Sperrin Mountains sind noch wilder, öder, einsamer als die von Connaught; längere Rücken herrschen hier vor, es fehlen die Seen. Der höchste Gipfel, der Errigal im nördlichen Donegal, 740 m, ist wieder ein Quarzitkegel. Dagegen ist das basaltische Hochland von Antrim infolge seiner zahlreichen deckenförmigen, vulkanischen Ergüsse ein hügeliges Plateau ohne auffallende Gipfel. Die alten Eruptionsstellen sind, wenn sie jemals durch Kraterberge bezeichnet waren, jetzt jedenfalls kaum mehr festzustellen. Drei nordwestlich gerichtete, also dem Tale des Bann parallele Höhenzüge lassen sich unterscheiden.

Die Mourne Mountains bestehen hauptsächlich aus Granitkuppen von meist rundlicher Form, doch fehlen auch schärfere Rücken und Spitzen nicht; bei der Nähe des Meeres wirkt eine Erhebung wie Slieve Donard, 840 m, recht ansehnlich.

Slieve Gullion und die Carlingford Mountains, von der vorigen Gruppe durch die Senke des Carlingford Lough geschieden

---

*) Vgl. u. a. die vorzüglichen Schilderungen Rodenbergs a. a. O.

und ihr an Höhe nachstehend, bestehen aus verschiedenen vulkanischen Gesteinen (Dolerit, Syenit, Basalt); die zahlreichen eruptiven Gänge bezeichnen die Gegend als einen Mittelpunkt besonders lebhafter früherer vulkanischer Tätigkeit.

Die Gebirge von Leinster zeigen oberflächlich eine Anordnung von Süden nach Norden, während im geologischen Bau die Streichrichtung von Südwesten nach Nordosten vorgezeichnet ist. Die Wicklow Mountains, die bestabgegrenzte, auch die zweithöchste Berggruppe Irlands (Lugnaquilla 910 m), hat elliptischen Grundriß, ist aufgebaut aus einem durch Erosion entblößten granitischen Kern, welcher rundliche Bergformen bildet, umlagert von cambrischen und silurischen Schichten, besonders auch Quarziten, die zum Teil recht scharfe Formen zeigen („Zuckerhüte"). Das Innere ist trostlos öde („uninhabited mountains"), fast „eine einzige nackte, felsige Oberfläche, nur mit Heidekraut, Moor und kümmerlicher Weide bedeckt, ein Aufenthalt der Birkhühner und halbwilder Ziegen" (Lasaulx). Die von den Iren vielgerühmten landschaftlichen Schönheiten finden sich in den östlichen Vorbergen: schön bewaldete Täler, freundliche Flüßchen, Burg- und Klosterruinen und dicht bei allem das Meer.

Zwischen den Flüssen Slaney und Barrow erhebt sich, orographisch ganz isoliert, der langgestreckte Granitrücken des Mount Leinster, der aber auch nur der Erosiontätigkeit der Flüsse seine Selbständigkeit verdankt, denn tatsächlich stehen seine Granitmassen mit denen der Wicklowberge im Zusammenhang und das Tal des Slaney liegt ganz im Granit.

In der Provinz Leinster liegt auch das einzige größere irische Kohlenrevier, gewöhnlich einfach „Leinster Coalfield" genannt, zwischen den Flüssen Nore und Barrow. Die dort ausnahmsweise auf dem Kohlenkalk und dem Kohlensandstein erhalten gebliebenen produktiven Schichten bilden eigentlich eine Mulde, welche jetzt aber als vereinzelte Scholle über die Umgebung erhaben ist. Die Oberfläche ist leicht hügelig.

Die Gebirge von Munster. Sie bilden ein ziemlich geschlossenes, einheitlich gebautes System. Sowohl im inneren Bau wie in der äußeren Erscheinung tritt das ostnordöstliche Streichen, welches auch die Südküste Irlands und die Buchten der Südwestküste beherrscht, überall hervor; es sind diese Gebirge ein altes Faltensystem, welches freilich durch die Erosion stark angegriffen ist. Wir unterscheiden:

a) die Berge von Kerry und Cork. Hierzu gehören die langen Bergrücken, welche jetzt Halbinseln zwischen den Golfen des Südwestens bilden, ferner die höchste Bergkette Irlands, die Macgillicuddy's Reeks mit dem 1040 m hohen Carrantuo Hill, sowie weiter östlich eine Anzahl niedrigerer Rücken am Südufer des Blackwater, aber auch noch jenseit dieses Flusses die ansehnlichen Knockmealdown Mountains, 780 m hoch. Fast alle diese Erhebungen bestehen aus Schichten des Devon (Old Red Sandstone der Briten) und zwar zum Teil aus recht harten, widerstandsfähigen Konglomeraten, aus deren Kampf gegen die Einflüsse der überreichen Niederschläge und der sehr lebhaften Verwitterung stellenweise schroffe, zackige Formen hervorgingen, die man nach den bescheidenen Höhenziffern hier nicht erwartet. Besonders gilt dies für die „Reeks" und überhaupt die Umgebung der Seen von Killarney mit ihren klammartigen Schluchten („Gaps"), Erosionszirken, Spitzen und Gräten. Auffallend wild sind dort die Mangerton Mountains, wo noch vulkanische Gesteine (Porphyre) eine Rolle spielen.

Die Täler liegen in dieser Abteilung der Gebirge von Munster meist in dem jüngeren Kohlenkalk; zahlreiche Spuren der Eiszeit sind vorhanden, und oft sind durch Endmoränen kleine Seen abgedämmt.

b) die Berge des nördlichen Munster umfassen:

Slieve Aughty*) Slieve Bernagh Silvermine Mountains Slieve Bloom**)	diese gruppieren sich um Lough Derg,
Galty Mountains Comeragh Mountains Slieve Naman	diese gruppieren sich um den Suir.

Alle diese Miniaturgebirge sind, geologisch betrachtet, Sättel aus einem Kerne von silurischen Schiefern, Kalken und Quarziten, flankiert von devonischem Sandstein und karbonischem Kalkstein.

Orographisch sind es teils lose angehäufte oder angereihte Berggruppen, teils auch geschlossene Kämme; z. B. bildet Slieve Bloom eine kurz abgesetzte, scharf profilierte Bergkette; die scharfen Spitzen und Kanten sind in diesem Falle die Schichtköpfe des Devons, welche

*) Zum Teil in Connaught.
**) Zum Teil in Leinster.

über die verwitterten silurischen Schichten hinausragen. Auch die 900 m hohen Galty Mountains bilden eine massige, schöngeformte Kette.

Sonst aber bieten die mit Hochmooren bedeckten Berge des nördlichen Munster wenig landschaftliche Reize; vom Verkehr werden sie gemieden; der hält sich an die breiten Talmulden, zwischen denen die Berggruppen ja nur als weit voneinander getrennte Inseln aufragen.

Die zentrale Ebene von Irland, die „Limestone Plain", liegt durchschnittlich 50—100 m über dem Meeresspiegel. Den festen Fels läßt sie nur selten durchblicken, ist aber auch nicht einfach bedeckt mit dem Verwitterungsprodukt des unterliegenden Kalksteins, sondern mit glazialem Schutt, welcher außer dem Detritus des Kohlenkalks auch noch fremdes, weiter hergeholtes Gesteinsmaterial enthält; das Ganze ist der sogenannte „limestone-gravel" (etwa „Kalkgrus"). Diese Bodenart ist an sich nicht unfruchtbar, aber wegen der schlechten Abflußverhältnisse und infolge der schlechten kulturellen Entwickelung bedecken auch in der irischen Ebene die Torfmoore nur allzu große Flächen. Mitunter tritt der „limestone-gravel" auch hügelbildend auf, wie v. Lasaulx südlich von Dublin und Lewis an verschiedenen Stellen beobachtete.

Ehe sich Irland von Großbritannien trennte, hingen die irischen Gebirgssysteme mit den schottisch-englischen zusammen und zwar die Hochlande von Connaught und Donegal mit den schottischen Hochlanden, die Mourneberge und ihre Umgebung mit den Southern Uplands; die Einsenkung zwischen beiden Gruppen war die Fortsetzung der Lowlands. Ferner stehen die Wicklowberge in Beziehung zum nördlichen Wales, die Gebirge von Munster in ebensolcher zu Südwales, Somerset und Devonshire. Der Beweis wird in allen Fällen durch Lage, Richtung, geologische Zusammensetzung und landschaftlichen Charakter der betreffenden Erhebungen geliefert.

Hydrographie*).

Die irischen Flüsse sind zahlreich, ihre Wassermenge ist bedeutend und sehr gleichmäßig — beides eine Folge des feuchten Klimas; anderseits können wir bei dem geringen Umfange der Insel keine langen Ströme, keine stark ausgebildeten Stromsysteme erwarten.

---

*) An dieser Stelle noch sei erwähnt die vorzügliche hydrographische Karte der Britischen Inseln von A. Petermann, London 1849; sie ist durchaus nicht veraltet.

Das Gefälle ist bei der weit vorgeschrittenen Abtragung des Landes meist recht gering und infolgedessen ist wiederum Sumpf- und Seebildung häufig; von den Mooren, aus denen sie zusammensickern, oder die sie durchfließen, haben viele irische Flüsse eine dunkle, braune Farbe; daher ist auch der Name Blackwater (Schwarzwasser) so häufig.

Der größte irische Fluß ist der Shannon; er entspringt am Cuilcaghberge, nördlich vom Lough Allen, wo eine starke Quelle als „Shannon Pot" gezeigt wird. Seine hauptsächlich aus Seen stammenden Gewässer fließen träge nach Süden bis zum langen, zackigen Lough Derg; diesen aber verläßt der Shannon im Süden zwischen Slieve Bernagh und den Arra Mountains (einer Vorkette der Silvermine Mountains) in einer Reihe von Stromschnellen, und auch weiter, bis Limerick, bleibt sein Lauf reißend; bald unterhalb Limerick beginnt dann das lange und mehrfach sich erweiternde Ästuar.

Im ganzen bildet der Shannon einen flachen, nach Westen offenen Bogen; er ist in den zwei unteren Dritteln seines 360 km langen Laufes schiffbar, mit Dublin durch zwei Kanäle (Royal und Grand Canal) und auch mit der Erne verbunden.

Während der Shannon der einzige bedeutende Fluß der Westküste ist, weist die Südküste eine ganze Anzahl ansehnliche Flüsse auf. Der Lee und der etwas größere Blackwater sind in ihrer Laufgestalt sehr ähnlich; sie fließen im allgemeinen nach Osten, biegen aber kurz vor ihrer Mündung scharf in die südliche Richtung um (wobei wir Cork Harbour als verbreiterten Unterlauf des Lee betrachten), eine auffallende Erscheinung, von der noch die Rede sein wird. Im Gegensatze zum Shannon durchfließen sie Berg- und Hügelland, und wenn auch ihre Täler meist sehr breit sind, so treten doch hier und da bewaldete Höhen dicht an den Fluß; den anmutigen Blackwater nennen die Iren sogar mit Stolz ihren Rhein.

In das spitz zulaufende Ästuar „Waterford Harbour" ergießen sich zwei Flüsse von ganz verschiedener Laufrichtung: 1. der vom Slieve Bloom kommende, bald in die östliche Richtung einlenkende Suir, 2. der genau südlich fließende Barrow (mit der Nore rechts). Faßt man den Suir als Hauptfluß auf, so ist sein Lauf dem des Lee und Blackwater sehr ähnlich, allein es hat eben das südlich gerichtete Mündungsstück einen eigenen stattlichen Oberlauf. Schon bei Carlow wird der Barrow schiffbar.

Die Flüsse der Ostküste sind kurz. Der Slaney entwässert die südlichen Wicklow Mountains, durchbricht zahlreiche Granitschwellen und mündet, ansehnlich verbreitert, in die Bucht von Wexford. Den Nordabhang der Wicklowberge umschlingt der Liffey, der weiter oberhalb nicht bedeutend ist, in Dublin aber, nahe der Mündung, als breite und tiefe Wasserstraße erscheint und durch Kanäle mit dem Shannon verbunden ist. Die Boyne ist ein rechter, ruhiger Tieflandfluß, geschichtlich bekannt durch die Schlacht von 1690 (Sieg Wilhelms von Oranien über Jakob II.); sie bildet bei Drogheda einen guten Hafen.

Nordküste: der schiffbare Bann kommt aus den Mourne Mountains, durchfließt Lough Neagh und geht in auffällig geradem Unterlaufe zum äußeren Lough Foyle. Die Foyle entsteht aus mehreren flachen, reißenden Bergflüßchen und behält anfangs diesen Charakter bei, ist aber bei Londonderry schon ganz stattlich; dicht unterhalb dieser Stadt mündet sie in den innersten Winkel des Lough Foyle.

An die heutige Laufgestalt der irischen Flüsse schließen sich einige Fragen geologisch-geographischer Natur. Warum verläßt der träge Shannon die zentrale Ebene auf einem so unbequemen Wege (Durchbruch, Stromschnellen bei Killaloe)? Warum fließen Lee und Blackwater nicht nach Osten weiter und in den tatsächlich vorhandenen Kalkmulden dem Meere zu? Wahrscheinlich gilt hier dasselbe, was bei Besprechung gewisser englischer Flußsysteme (auf S. 60) gesagt wurde. Man kann also mit W. M. Davis annehmen, daß durch die Tätigkeit der rückschreitenden Erosion z. B. in dem Falle des Lee und Blackwater ein kleiner, nordsüdlich gerichteter Küstenfluß nach Durchsägung eines trennenden westöstlichen Längskammes den größeren Längsfluß „abgefangen“ und so dessen bisherige unterste Laufstrecke zu einem flußlosen Tal gemacht hat. Wer sich mit den Davisschen Theorien befaßt hat, wird zugestehen, daß das südliche Irland zu ihrer Anwendung geradezu auffordert. Hie und da mögen auch Spalten und Verwerfungen bestimmend auf die irischen Flußläufe gewirkt haben, obwohl die Erfahrungen in anderen Erdräumen nicht eben sehr für die Anwendung dieser Erklärungsweise sprechen und jedenfalls keine talbildende Kraft so vielseitig wirkt wie die Erosion. Etwas anders liegt die Sache beim Shannon. Dieser Strom ist offenbar sehr alt, floß einst in höherem Niveau und ist für die Fortschaffung der S. 136 erwähnten Schichtmassen hervorragend verantwortlich. Bei seinem steten Bestreben sich tiefer einzuschneiden ist er nun in der Gegend oberhalb Limerick auf härtere Gesteinsbänke gestoßen und bildet dort Stromschnellen.

Die irischen Seen. Sie bilden einen wesentlichen Zug der irischen Landesnatur, wenngleich sie hauptsächlich dem Nordwesten der Insel angehören und südöstlich einer Linie Drogheda - Bantry keine nennenswerten Seen angetroffen werden.

Am dichtesten drängen sie sich in der zentralen Ebene und in Connaught. Hier erinnern die zahlreichen, zerlappten Wasserflächen mit den felsigen Inseln, verbunden durch kurze, oft reißende Stromstrecken, einigermaßen an Finnland.

Der größte irische See ist Lough*) Neagh in Ulster mit 400 qkm (gegen 540 des Bodensees). Der fast regelmäßig rechteckig geformte See ist nahezu insellos und bildet eine imposante Wasserfläche; die Ufer sind aber flach, und die Tiefe ist gering, sodaß der See mehr trennend als verbindend wirkt, er wird jedoch von Fischern befahren und die Ufergelände (größtenteils verwitterter Basalt, im Süden auch quartäre Tone und Glazialschutt) sind fruchtbar. Sagen von versunkenen Königsschlössern sind heimisch. Nach Süden war der See, wie die Tonablagerungen beweisen, einst weiter ausgedehnt; ursprünglich verdankt er (nach Hardman) seine Entstehung einer Senkung welche wohl mit den vulkanischen Vorgängen im benachbarten Antrim zusammenhing. Tatsächlich liegt sein Spiegel nur 15 m über dem des Meeres.

Ist Lough Neagh der größte irische See, so ist er anderseits fast der einzige isolierte; die übrigen bilden Gruppen: so Lough Erne mit Upper Lough Erne und einigen kleineren Seen im Bereiche des Flusses Erne, langgestreckte anmutige Seen mit vielen grünen Inselchen; dann die große Gruppe der Shannonseen: Lough Allen und seine Trabanten, der große Lough Ree, der düstere Lough Derg; alle diese haben meist flache und oft moorige Ufer, ferner die Seen von Connaught, vor allem Lough Mask und Lough Corrib, sowie L. Conn — und endlich die schönen Seen von Killarney mit den mächtigen Bergwänden im Hintergrunde, mit den reizenden Inseln und der südlichen Vegetation.

Nicht nur durch seine Größe und seine isolierte Lage steht Lough Neagh im Gegensatz zu den anderen Seen, sondern auch durch seine

*) = schottisch loch, lateinisch lacus.

S. 145.

Aus den Bergen von Connemara. Der Erriff-Paß.

glatten Umrisse, und diese beruhen wieder auf den uferbildenden Gesteinsformationen und ihrem Verhalten. Fast alle Seen außer Lough Neagh liegen nämlich im Gebiete des leicht löslichen Kalksteines, und schon die zackigen Umrisse sowie der Inselreichtum weisen darauf hin, daß wohl durch chemischen Einfluß und die mechanische Wirkung der nicht unerheblichen Brandung die Seeufer abbröckeln, wie denn auch andere, aus Kalklandschaften bekannte Erscheinungen: Höhlenbildung, unterirdische Flüsse, auffallend starke Quellen, Einstürze von Hohlräumen, im mittleren Irland nicht fehlen. Andere, besonders die flachsten Seen sind freilich in Vertorfung begriffen und manche Torfmoore waren einst Seen, wie auch die Süßwassermuschelkalke beweisen, die sich unter dem Torfe finden. — Die Auslaugung des Kalkes durch das Wasser in Verbindung mit dem schwachen Gefälle wird in manchen Fällen auch die Entstehung der Seen erklären, in anderen Fällen glaubt man Absinken an Verwerfungen nachgewiesen zu haben. Besonders aber dürfte auch die Abdämmung durch glaziales Material, mit welchem ja die zentrale Ebene und ein Teil der Gebirge bedeckt ist, sowie die Rinnenbildung durch Schmelzwasser zur Entstehung der Seen beigetragen haben.

Pflanzenkleid und landschaftlicher Gesamtcharakter.

Mit vollem Rechte heißt Irland die grüne Insel (the Emerald Isle), genauer noch wäre die Bezeichnung „immergrüne Insel", denn auffallend ist doch besonders, daß infolge der milden, feuchten Winter das Pflanzenkleid auch im Winter grün bleibt; eine ganze Anzahl immergrüner (subtropischer) Gewächse (z. B. der Lorbeer, die Araukarie) überwintert im Freien, nicht nur im südlichen, sondern auch im mittleren, ja im nördlichen Irland. Besonders bevorzugt ist allerdings der Süden und am meisten der Südwesten, wo die halb subtropische Vegetation noch üppiger ist als etwa auf Wight.

Und während der größte Teil Irlands leider waldlos ist (nur zwei Prozent des Areals sind Waldland), bekleiden im südwestlichen Küstenbezirk reichliche Wälder und Gebüsche die Hügel und Seeufer. Charakterpflanzen dieser stets saftiggrünen Vegetation sind (von Bäumen): Erdbeerbaum (Arbutus), Stechpalme (hier baumartig entwickelt), Eiche, Esche, Zeder, Araukarie; die Stämme sind umrankt von üppig wucherndem Efeu, und ein dichtes Unterholz bilden dazwischen:

Stechginster, Schlehdorn, Pirus japonica, Laurus cerasus, Pfaffenhütlein, Lorbeer. Weiter nach Nordosten wird die Flora immer nordischer, der schottisch-englischen ähnlicher. Unter den sommergrünen Bäumen ist die Eiche früher noch verbreiteter gewesen als heute, wie die zahlreichen Ortsnamen mit dair, dare, derry (keltisch Eiche) beweisen. Der Klee endlich (shamrock) gilt dem Iren als nationales Symbol.

Zu dem Grün Irlands tritt aber als zweite Hauptfarbe im Landschaftsbilde das Braun der vielen Moore und Heiden, und so ergibt sich im Verein mit dem so oft trüben, wolkigen Himmel ein schwermütiger Gesamtton, welcher zu dem irischen Nationalcharakter, der Geschichte, den sozialen Verhältnissen nur allzugut stimmt.

B. Politische Geographie.

Allgemeines.

Die politische Verbindung des „Königreichs" Irland mit der Hauptinsel ist eine losere als die zwischen England, Wales und Schottland, wie sich schon in der offiziellen Bezeichnung Großbritannien und Irland ausspricht. Irland allein hat einen eigenen Vizekönig, wenngleich das irische Sonderparlament seit 1800 (d. h. seit der „Union") aufgehoben ist. Wie so oft in britischen Dingen ist aber die Kluft für das Gefühl noch viel bedeutsamer, als sie formell zum Ausdruck gebracht ist.

Zwar sind es von den 4½ Millionen Einwohnern nur noch etwa 40 000, die kein Englisch verstehen, weitere 700 000 sprechen englisch und gälisch, aber für die sprachliche tritt die religiöse Verschiedenheit ein, denn nur ein Viertel der Bevölkerung ist protestantisch, die übrigen drei Viertel sind römisch-katholisch*), und die Protestanten wohnen nicht etwa mit den Katholiken vermischt, sondern fast nur geschlossen in Ulster, so daß der größte Teil Irlands ein katholisches Land und somit geistig isoliert ist.

Von einer reinen keltischen Rasse kann dagegen keine Rede sein, vielmehr ist die Bevölkerung der Insel gemischt aus sehr verschiedenen Grundstoffen: im Südwesten glaubt man noch die zierlichen,

---

*) Nach der Zählung von 1901 gab es 3 310 000 Katholiken, 580 000 Episkopale, 440 000 Presbyterianer, 60 000 Methodisten; nur die letztgenannten hatten an Zahl zugenommen.

brünetten Nachkommen der alten Iberer zu erkennen; die Kelten (hier Gälen) sind am reinsten vielleicht im Nordwesten erhalten, im Nordosten und Osten hat aber starke skandinavische Einwanderung stattgefunden (aus Difelin = Dublin kamen z. B. die Nordmänner, die Äthelstan bei Brunanburh schlug).

Seit Heinrich II. wurde sodann mit Gewalt Platz geschaffen für englische und wallisische Kolonisten. Unter Jakob I. wurde Ulster stark mit Schotten besiedelt, auch Deutsche (Pfälzer) haben sich in Galway niedergelassen, wo man auch spanisches Blut erkennen will. Gänzlich fehlen Zigeuner und fast ganz die Juden.

Wäre es nun Heinrich VIII. und Eduard VI., oder auch später Cromwell gelungen, Irland ganz protestantisch zu machen, so wäre alles gut gewesen, allein es gelang nicht, und nun ist die unglückliche Spaltung da. Außerdem besteht aber auch ein sozialer Gegensatz, denn stets war es die Politik der englischen Eroberer, den irischen Stammeshäuptern als Lohn für gutwillige Unterwerfung das ursprünglich allen Stammesgenossen gemeinsam gehörige Land zuzusprechen, und wenn sich doch wieder einer dieser Häuptlinge empörte, so wurde das Land kurzerhand englischen Magnaten gegeben. So entstand die heutige Landverteilung in Irland, wo der Grund und Boden wenigen (noch dazu meist abwesenden) Herren gehört, während die irischen Bauern nur arme Pächter sind.

Im Zusammenhang mit diesen natürlich nur flüchtigen Andeutungen historischer und sozialer Verhältnisse muß die traurige Tatsache erwähnt werden, daß die Bevölkerung Irlands seit der Mitte des 19. Jahrhunderts nicht nur nicht zunimmt, sondern erheblich und beständig zurückgeht! Sie betrug im Jahre 1841 über 8 Millionen, und beträgt nach der Zählung von 1901 nur noch 4½ Millionen, weniger als die des kleinen und fast ganz gebirgigen Schottlands; dabei ging nicht das Verhältnis der Geburten zurück, sondern es fand eine riesige, regelrechte Auswanderung statt*). Erklären läßt sich diese Tatsache wohl nur teilweise aus politischen und sozialen Übelständen, auch nur teilweise aus einzelnen Mißernten (wie der von 1847 „Black Forty-seven"); vielleicht war doch Irland etwas zu stark bevölkert, was allerdings erst durch solche Hungerjahre wie 1847 und die folgenden ganz klar wurde. Jedenfalls macht Irland — von einzelnen

*) In dem Jahrzehnt von 1891—1901 betrug die Abnahme 5 v. H., früher war sie noch bedeutender.

Gegenden abgesehen — auf alle Besucher den Eindruck eines stagnierenden Landes. Bei einem Flächeninhalt von 84 000 qkm und einer Gesamtbevölkerung von 4 460 000 beträgt die Volksdichte 53 auf 1 qkm, was fast genau so viel wie in Ostpreußen und für ein vorwiegend agrarisches Land noch keine schlechte Zahl ist.

Die alte Einteilung Irlands in vier Königreiche (jetzt Provinzen), Ulster im Nordosten, Leinster im Südosten, Munster im Südwesten, Connaught im Nordwesten ist, wie wir oben sahen, eine naturgemäße, und wenn sie auch von der englischen Verwaltung, soviel sich ersehen läßt, nicht benutzt wird, so ist sie doch in jedermanns Munde, in der Literatur gebräuchlich und deshalb nicht zu vernachlässigen. Auch werden die Provinzgrenzen von den Countygrenzen wenigstens niemals durchkreuzt. Die Grafschaften selber freilich sind geographisch wenig brauchbar, zum Teil sehr klein, zum Teil junge, künstliche Schöpfungen („King's County“, „Queen's County“); ganz können wir sie aber auch nicht entbehren, da ihre Namen u. a. in der Orographie wiederkehren (Donegal, Antrim, Wicklow, Kerry).

Provinz Leinster.

(20 000 qkm, 1 120 000 Einwohner, 56 auf 1 qkm.)

Leinster steht in der kulturellen Entwickelung auf einer mittleren Stufe; Moore und Heiden nehmen keinen allzu großen Raum ein (außer in den Wicklowbergen und im sogenannten Bog of Allen westlich von Dublin). Die Landwirtschaft ist wie fast in ganz Irland das Hauptgewerbe. Die kleinere Nordhälfte (mit den Grafschaften Langford, Westmeath, King's County, Louth, Meath, Dublin) ist meist flacher Kalkboden mit Seen und langsam fließenden Flüssen, hat im Inneren nur kleine Landstädtchen, an der Küste zwei lebhaftere Plätze: Dundalk und Drogheda, außerdem aber die Landeshauptstadt.

Dublin, 290 000 Einwohner, ist nicht Mittelpunkt eines größeren, dichtbevölkerten Bezirkes, sondern nur als Hauptstadt der ganzen Insel in ihrer Entwickelung zu verstehen. Dublin liegt ziemlich genau in der Mitte der Ostseite von Irland, welche England zugekehrt und deshalb die Verkehrs-, die „Vorderseite“ ist, es liegt im Hintergrunde einer wohlgeformten Bai und an dem tiefen, ruhigen Flusse Liffey. Dublin hat auch landeinwärts gute Verbindungen durch die weite Zentralebene, es ist ein Mittelpunkt des irischen Kanalsystems (der Royal

Canal begrenzt die Stadt im Norden, der Grand Canal im Süden). So war denn Dublin durch die Gunst seiner Lage bis in die ersten Jahrzehnte des 19. Jahrhunderts stattlich emporgewachsen, allein als Hauptstadt eines stagnierenden Landes kam es dann auch zum Stillstand, und manche Stadtteile sind jetzt öde und halb verfallen. Immerhin ist es noch Irlands erste Handelsstadt (mit großem Export von Schlachtvieh nach England) und neben Belfast die wichtigste Fabrikstadt des Landes, vor allem aber Sitz der Landesregierung und das geistige Zentrum des irischen nationalen Lebens, welches in der katholischen Universität*), dem katholischen Erzbischof und der nationalistischen Stadtverwaltung seine Stützen hat. In den wissenschaftlichen Sammlungen finden sich besonders reiche Schätze an altirischen Handschriften.

Kingstown am Südufer der Bai von Dublin ist der Vorhafen der Hauptstadt, besonders für den Postverkehr mit England (über Holyhead). Übrigens ist Dublin erst von skandinavischen Eroberern zur Hauptstadt erhoben. Die Hauptstadt des alten, glorreichen keltischen Irlands war Tara, südwestlich von Drogheda; der „Hill of Tara“ und die längst in Trümmer gesunkene „Hall of Tara“ spielen eine große Rolle in der irischen Sage und Dichtung.

Die südliche Hälfte von Leinster (mit den Grafschaften Queen's County, Kildare, Wicklow, Carlow, Kilkenny, Wexford) ist meist gebirgig; sie enthält im Osten die Wicklowberge, im Westen das sogenannte „Leinster Coalfield“, westlich von Carlow, auf dem sich übrigens kein eigentlicher Industriebezirk entwickelt hat.

Durch seine nach Süden gehenden Flüsse (Barrow, Nore) gravitiert dieser Teil von Leinster mehr nach der Südküste, wo das Ästuar „Waterford Harbour“ einen bequemen Zugang bietet; landeinwärts an der Nore liegt Kilkenny, die größte Binnenstadt Irlands mit doch nur 25000 Einwohnern, ein echt irischer, malerischer, altertümlicher Ort.

Gehen wir an der Ostküste nach Norden, so liegt in dem noch flachen Teile Wexford an der gleichnamigen Bucht, ein sauberer Platz mit lebhaftem Export landwirtschaftlicher Produkte nach England. Weiter nördlich treten die Wicklowberge so nahe ans Meer heran, daß die Küstenplätze vom Hinterlande abgeschlossen werden; dafür

*) Die staatliche Trinity Universität ist konfessionslos.

entwickelten sie sich bei ihrer malerischen Lage zu Badeorten für die nahe Großstadt Dublin, besonders Wicklow und Bray. Im Gebirge selbst waren von jeher nur einige anmutige Täler besiedelt, vor allem das des Avoca. Im Avocatale ist auch die hübsche, von Moore als „Meeting of the Waters" gefeierte Stelle mit mehreren Klosterruinen („The Seven Churches").

Provinz Munster.

(24 000 qkm, 1 080 000 Einwohner, 45 auf 1 qkm.)

Dies ist der Südwesten der Insel, ganz katholisch, ganz irisch-national, kulturell teilweise etwas zurückgeblieben (in dem Bergland des Südwestens), teilweise aber, um Cork, Lismore, Waterford, Limerick (The Golden Vale) blühend und freundlich.

Eine natürliche Abteilung bildet die Südküste und ihr Zuflußgebiet mit den Grafschaften Waterford, Tipperary und Cork (der größten irischen Grafschaft). Hier sind die Berge zwar öde, die Talflächen aber gut angebaut; die Wiesen zahlreich und saftig (fast das ganze Jahr hindurch grün); daher blüht vornehmlich die Meierei und die Aufzucht von Schlachtvieh für die unersättlichen englischen Industriebezirke. Ausfuhrhäfen für diese Erzeugnisse sind Waterford am Suir, Youghal am Blackwater, vor allem aber C o r k am Lee (75 000 Einwohner), unweit des geräumigen Cork Harbour. Cork ist die größte rein irische Stadt, liegt in anmutiger Talweitung, hat eine lange, winklige Altstadt, aber auch moderne stattliche Viertel, sowie mehrere schöne Kirchen. Neuerdings ist die Wichtigkeit des Platzes noch dadurch gestiegen, daß ein großer Teil des Personenverkehrs und fast die ganze Post der von Nordamerika nach Liverpool fahrenden Dampfer schon in dem Vorhafen Corks, Queenstown, den Seeweg verläßt, um mit der Bahn nach Dublin-Kingstown, und von dort mit besonderen Dampfern nach Holyhead weiterzugehen. Weiter westlich von Cork Harbour ist nur noch Kinsale zu nennen; es liegt an einer schmalen, aber tief einschneidenden Bucht und ist ein lebhafter Fischereihafen. Landeinwärts gibt es im Flußgebiet der Südküste keine erwähnenswerte Stadt außer Tipperary, in der Talebene nördlich von den Galtybergen, und nicht weit davon das kleine Cashel, welches Sitz eines katholischen Erzbischofs ist. — Der Südwesten von Munster (ein Teil der Grafschaft Cork, dazu Kerry) ist das Gebiet jener schönen, träumerischen Buchten von Dingle Bay bis

S. 151.

Killarney. Der obere See.

Roaringwater Bay, denen zu den besten Kriegs- und Handelshäfen weder tiefe Ankergründe noch schützende, wellenbrechende Inseln, wohl aber ein größeres Hinterland und bessere Verbindungen mit dem vorhandenen mangeln. Naturschönheiten und mildes Klima ließen hier aber doch eine Reihe friedlicher Badeorte aufblühen, von denen Bantry, Glengariff, Kenmare wenigstens auf den Britischen Inseln wohlbekannt sind. Ganz anderer Art, aber weiter gedrungen ist der Ruhm der kleinen Insel Valencia, wo die älteren nordatlantischen Kabel Europas Boden berühren. Gar nicht weit von der schönsten Küstenlandschaft liegt auch Irlands anmutigster Binnenbezirk: die Seen von Killarney mit ihrer Umgebung. Zwischen der hohen, wilden Kette der Reeks und dem noch wilderen Stocke der Mangerton Mountains ist ein breites, tiefes Tal eingesenkt, welches die beiden oberen, durch eine Flußstrecke verbundenen Seen erfüllen, während der unterste, größte schon die nördliche Außenseite der Reeks bespült. Die üppige, südliche Vegetation der Ufer hebt sich wohltuend ab von den kahlen, doch kühn geformten Bergen des Hintergrundes; Kloster- und Schloßruinen geben der Gegend ein weiteres Interesse, und die Besucher (besonders aus Amerika) sind zahlreich.

Das nordwestliche Munster ist das Gebiet des unteren Shannon (Grafschaften Limerick und Clare, ein Teil von Tipperary). Die zahlreichen Berggruppen sind auch hier vernachlässigt; Siedelungen und Verkehr drängen sich hauptsächlich um den Fluß. Seeschiffe fahren bis nach Limerick, einem weitläufigen Orte von 40 000 Einwohnern, mit zwei alten, ziemlich unsauberen Stadtquartieren (Irish Town und English Town) und einer Neustadt (Newton Perry); Limerick liegt in wohlhabender Umgebung und hat beträchtlichen Handel in Schinken und Getreide. Eine sehr belebte Handelsstraße ist der Shannon übrigens nicht; zu schwach pulsiert das wirtschaftliche Leben Irlands; nur noch einige Badeorte (Tarbert, Kilrush) liegen abwärts von Limerick.

Provinz Connaught.

(18 000 qkm, 690 000 Einwohner, 38 auf 1 qkm.)

Der Nordwesten Irlands gilt bei den Engländern als der kulturell rückständigste Teil der Insel, seine Bevölkerung als ungebildet, ja roh, was nach deutschen Schilderungen der Einschränkung bedarf; an der Landschaft rühmt man die schwermütige Schönheit. Sie ist anderseits recht unfruchtbar und damit ist auch die Rückständigkeit der Bewohner zum guten Teil erklärt.

Die große Grafschaft Galway ist in der Osthälfte meist flach; ihre gleichnamige Hauptstadt liegt eigentlich sehr günstig: an dem Mittelgolfe der Westküste, Dublin genau gegenüber, dem Ozean zugekehrt, am Ausflusse des tiefen Lough Corrib. Aber der einst blühende spanische Handel der Stadt ist dahin, und die Versuche, den transatlantischen Verkehr hierher zu lenken, sind gescheitert, da die Engländer sich keinen irischen Konkurrenten für ihr Liverpool großziehen wollen. Die Stadt stagniert; nur die Touristen passieren sie auf dem Wege nach Connemara, dem bergigen Westen der Grafschaft Galway, mit seinen Felsen, Fjorden und Seen, seinem echt keltischen Volksleben.

Die Grafschaft Mayo, nördlich des Lough Mask und der Clew Bay bekommt von dem Touristenstrome auch einen Teil ab, der besonders die Klippen von Achill Island bewundert. Im übrigen ist Mayo ein stilles Heideland, auch die Fischerei an der Küste ist hier wie in ganz Irland nicht bedeutend; die Kelten waren wohl nie ein rechtes Seevolk. Den Rest von Connaught bilden die Grafschaften Sligo, Leitrim und Roscommon mit viel fischreichen Seen und Flüssen, die von englischen Anglern aufgesucht werden.

Die Hauptstadt der Gegend ist Sligo mit gutem, aber wenig belebtem Hafen.

Provinz Ulster.

(22 000 qkm, 1 570 000 Einwohner, 71 auf 1 qkm.)

Diese nordöstliche Ecke Irlands hebt sich fast auf jeder Karte der Insel, welches auch ihre Grundlage sei (die orographische etwa ausgenommen), scharf von dem Reste des Landes ab.

Auf der geologischen Karte erblicken wir hier eine verheißungsvolle Fülle der Formationen, in welcher die mächtige Basaltdecke, aber auch der Saum der jungen Sedimente an der Nordküste auffällt. Die Karte der Volksdichte zeigt hier eine Menschenanhäufung, wie sie Irland sonst fremd ist; dementsprechend drängen sich auf der topographischen Karte die Siedelungen und die Eisenbahnlinien; auf der Konfessionskarte ist hier der einzige protestantische Fleck von Erins Eiland. Ohne Zweifel ist Ulster die blühendste der vier Provinzen, was aber weder allein auf natürlichen Vorzügen, noch auch allein auf der Tüchtigkeit der germanisch-protestantischen Bevölkerung beruht, sondern entschieden ist Ulster, das „loyale“, stets von der englischen Regierung bevorzugt worden. Man stellt Ulster geradezu auf eine höhere Stufe als das übrige Irland. Es ist eben englisches Land, auch ist die Blüte Ulsters — echt englisch — vorwiegend eine industrielle (während die Landwirtschaft z. B. in den Molkereibezirken von Munster mindestens ebenso hoch steht). Echt englisch ist es dann auch, daß sich die „Ulsterleute“ neben den dichtbevölkerten Bezirken doch in der Grafschaft Donegal ein fast menschenleeres Sport- und Jagdrevier reserviert haben.

Für die politisch-nationale Entwickelung Irlands ist Ulster natürlich der Pfahl im Fleische; denn nimmermehr werden die Engländer ihre „orangistischen“ Landsleute den Iren ausliefern. Da aber in Ulster doch auch 45 Prozent Katholiken wohnen, so sind — selbst blutige — Konflikte recht häufig.

Die östlichen Grafschaften Armagh, Down, Antrim sind am dichtesten bevölkert; Flachsbau und Leinweberei blühen.

Das kleine Armagh mit einem katholischen und einem protestantischen Erzbischof zeigt die Rivalität der Konfession. An der schönen, bergigen Südküste liegen nette Hafenstädtchen und Badeorte wie Newcastle (County Down) u. a., alle ohne sonderliche Bedeutung; denn auch hier zeigt die Industrie das Bestreben, die Menschen in einen großen Bienenkorb zusammenzudrängen. Dieser ist B e l f a s t, 350 000 Einwohner, am Belfast Lough (= Seebucht). Belfast liegt zwar in schöner bergiger Umgegend, ist aber als Stadt jung und charakterlos, obwohl anderseits sauber und modern gebaut. Seine Bedeutung beruht zunächst auf der Weberei (von Leinen und Baumwolle, wozu noch die kunstvolle irische Spitzenarbeit kommt), sodann auf dem Schiffbau; die Riesenwerft von Harland und Wolff hat hier ihr Heim. Das geistige Leben der Stadt beherrschen die in ganz Ulster zahlreichen Presbyterianer, die in Belfast Schulen, Seminare und auch eine Art Universität haben.

Das Basaltplateau von Antrim fällt nach Norden und Osten steil ab in prächtiger Felsküste, nach Westen zum Bannflusse sanft. An der Küste liegt der Badeort Portrush und in seiner Nähe Dunluce Castle und der Riesendamm, im Banntale einige durch Leinweberei blühende Orte wie Ballymena (bally irisch = Stadt) und Coleraine. — Die mittleren Grafschaften Monaghan, Cavan, Fermanagh, Tyrone und Londonderry sind schon stiller als der Osten, die Landbevölkerung ist schon zum Teil irisch-katholisch. Die Städte sind freilich um so englischer gesinnt, wie besonders die beiden einzigen mit klangvollen Namen: Enniskillen, auf einer Insel (irisch = ennis) zwischen dem oberen und dem unteren Lough Erne, die Heimat des stolzen, nach ihm benannten englischen Infanterieregiments, und im Norden Londonderry an der Foyle, unweit ihrer Mündung. Die sehr alte Stadt hieß eigentlich Derry („Eichstätt"); dieselbe wurde 1612 von einem gälischen Clan zerstört, aber von Londoner Kaufleuten wieder aufgebaut, welche dafür große Privilegien bekamen und der Stadt den jetzigen Namen gaben. Im Jahre 1689 bestand Londonderry sehr wacker eine Belagerung durch die irisch-französische Armee Jakobs II. Noch stehen die alten Mauern; die Stadt aber hat sich lebhaft entwickelt durch Textilindustrie, Räucherei und Seehandel.

Die gälisch-katholische Grafschaft Donegal, eine Halbinsel zwischen Lough Foyle und Donegalbai, ist ganz spärlich bevölkert. Allein die — der schottischen vergleichbare — schwermütig-schöne, oft wilde Landschaft, der Fischreichtum der Gewässer, nicht zu vergessen die geräumigen Golf-links (Spielbahnen) locken im Sommer viele Touristen und Sportleute aus dem industriellen Ulster und von weiterher an. Killybegs ist ein hübscher Hafen im Süden der Grafschaft, nicht weit von dem Hauptorte Donegal, wo einst die O'Donnells ihren Sitz hatten.

Zur Erläuterung der typischen Landschaftsbilder.

Südenglische Kreideküste. Kap Beachy Head (S. 29). Das Bild ist von der Ostseite und zwar von der Höhe des Steilufers aufgenommen. Die flache Lagerung der Kreideschichten wird durch die Bänder von Feuersteinknollen deutlich bezeichnet. Unverkennbar ist die Ähnlichkeit mit der Küstenbildung der Insel Rügen, insbesondere bei Stubbenkammer; nur daß der englischen Landschaft der schöne Buchenwald fehlt.

Aus dem Seebezirk. Die Langdale Pikes und Umgebung. (S. 46) Das von hohem Standpunkt und zwar von Süden her aufgenommene Bild zeigt im Vordergrunde einen schroffen, felsigen Pik, aufgebaut aus steil aufgerichteten Schichten, zur Rechten das große nordsüdliche Haupttal (s. S. 46) mit Landstraße und kleinem See. Im Hintergrunde links ein größerer See (Derwent Water?).

Aus dem Berglande von Wales. Der Paß von Llanberis (S. 50). Dieser lange und tief eingeschnittene Paß führt von Llanberis nach Südosten und trennt den Snowdon völlig von seiner östlichen Fortsetzung. Das Bild zeigt die kahle, felsige Natur der Walliser Berge, sowie in den Schutthalden (rechts über der Brücke) und der Blockanhäufung (vorn links) die fortschreitende Zerstörung. Auch die rohen Steinmauern längs des Weges sind typisch für alle britischen Gebirge.

Der höchste Berg der Britischen Inseln. Ben Nevis (S. 113). Die Ansicht ist vom Glenmore, also von Norden her. Hinter dem plumpen, wallartigen Vorberge erhebt sich links der schroffe Ben; ganz rechts öffnet sich das Tal Glen Nevis, in dessen Hintergrunde ebenfalls hohe Berge (Mamore Forest). Die zahlreichen Schneefelder und -flecken verschwinden im Hochsommer fast sämtlich.

Ein schottischer See. Loch Awe mit Kilchurn Castle (S. 119). Das Schloß liegt am östlichen Ende des sehr langen und schmalen Sees auf einer flachen, wohl durch Anschwemmung gebildeten Landzunge; auf dieser gibt es Wiese und Wald. Dagegen sind die Berge des Hintergrundes in echt schottischer Art ganz kahl.

Steilküste im nördlichen Irland. Der Riesendamm (S. 135). Terrassenförmig stürzt die Felsküste zum Meere (welches links zu denken ist) herab; dabei wechseln steile und sanfte Stufen je nach der Härte des Gesteins. Die massenhaften Basaltsäulen bilden die unterste Stufe der Terrasse und werden zur Flutzeit teilweise vom Meere überspült.

Der Erriff-Paß in Connemara (S. 145) ist benannt nach dem Flüßchen Erriff, welches in den langen, schmalen Fjord der „Killeries" mündet. Das Bild bietet die charakteristischen Züge der irischen Binnenlandschaft: hohe, kahle Berge, getrennt durch weite Verflächungen, auch in diesen wenig Baumwuchs, dürftige Äcker; im Vordergrunde elende Hütten und Ruinen von solchen.

Killarney. Der obere See (S. 151). Der Beschauer steht auf der Gebirgsstraße, welche von Kenmare nach Killarney führt, und blickt nach Norden. Alle die zahlreichen, schimmernden Wasserflächen sind Verzweigungen der sogenannten „Upper Lake". Von dem unteren, weit größeren See, „Lough Leane", ist nichts zu sehen, von dem mittleren „Muckroß Lake" höchstens ein schwacher Schimmer.

Namen- und Sachregister.

Druck von J. B. Hirschfeld in Leipzig.

FSC
www.fsc.org
MIX
Papier | Fördert gute Waldnutzung
FSC® C083411

Zeitfracht Medien GmbH
Ferdinand-Jühlke-Straße 7
99095 Erfurt, Deutschland
produktsicherheit@kolibri360.de